浙江绿色管理 理论和经验研究系列丛书 ·························· **丛书主编** 王建明

研究阐释党的十九届四中全会精神国家社科基金重大
项目（项目编号：20ZDA087）资助

浙江绿色管理
案例和经验
水污染治理篇

（第一辑）

冯　娟◎编著

U0226349

经济管理出版社
ECONOMY & MANAGEMENT PUBLISHING HOUSE

图书在版编目（CIP）数据

浙江绿色管理案例和经验——水污染治理篇（第一辑）/冯娟编著 . —北京：经济管理
出版社，2020.6
ISBN 978-7-5096-7541-0

Ⅰ．①浙…　Ⅱ．①冯…　Ⅲ．①社会主义建设—案例—浙江 ②水污染防治—案例—
浙江　Ⅳ．①D619.55 ②X52

中国版本图书馆 CIP 数据核字（2020）第 169042 号

组稿编辑：张莉琼
责任编辑：丁慧敏　张莉琼
责任印制：黄章平
责任校对：董杉珊

出版发行：经济管理出版社
　　　　　（北京市海淀区北蜂窝 8 号中雅大厦 A 座 11 层　100038）
网　　址：www. E-mp. com. cn
电　　话：(010) 51915602
印　　刷：唐山昊达印刷有限公司
经　　销：新华书店
开　　本：720mm×1000mm/16
印　　张：13.75
字　　数：233 千字
版　　次：2020 年 6 月第 1 版　　2020 年 6 月第 1 次印刷
书　　号：ISBN 978-7-5096-7541-0
定　　价：78.00 元

总　序

　　《浙江绿色管理理论和经验研究系列》丛书是改革开放 40 多年来（特别是近 20 年以来）浙江绿色管理各领域的理论探索和经验案例的系统总结。

　　随着现代文明的发展，能源危机和环境污染成为当代社会面临的重要问题，开拓一条节能减排、低碳环保的绿色转型之路成为社会发展的必然战略选择。绿色管理（Green Management）正是在这样的形势下受到越来越多的关注，不仅成为一种重要的社会发展趋势，也成为未来经济新的增长点。绿色管理是指将资源节约和环境保护理念融入人类管理活动的具体环节，以期在人类管理活动的各层次、各领域、各方面、各过程实现绿色、节约、环保和可持续。需要指出的是，绿色管理是一种全新的管理思想和理论体系，是对现有管理思想和体系的彻底变革。且随着理论和实践的深入，绿色管理也从狭义的企业内部延伸到企业外部（如政府机构、非政府组织、社会公众等领域）。绿色管理既是国家层面绿色发展战略规划的应有之举，也是社会层面全员应有的自觉自为。党的十九大报告明确指出，我们要建设的现代化是人与自然和谐共生的现代化，而绿色管理就是探索人与自然和谐共生之路的有益实践，是实现社会可持续发展的坚实助力。因此，深入探索绿色管理经验成为中国可持续发展的迫切需要。

　　改革开放 40 多年来，浙江锐意进取，大胆实践，形成了有浙江特色的发展道路，创造了令人瞩目的"浙江模式"，形成了卓有成效的"浙江经验"，书写了生动宝贵的"浙江精神"。浙江是习近平总书记"绿水青山就是金山银山"发展理念的发源地，也是绿色发展的先行地。2003 年，时任浙江省委书记的习近平同志在浙江启动生态省建设，打造"绿色浙江"。2005 年，习近平同志在浙江安吉首次提出"绿水青山就是金山银山"的科学论断和发展理念。从此，浙江绿色发展从初阶、浅层、零散阶段（1978~2003 年）进入了高阶、深层、系统阶段（2003 年至今），提前迈进了新时代。根据《中国经济绿色发展报告2018》，浙江的绿色发展指数名列全国第一。另据国家统计局2017年发布的"2016年生态文明建设年度评价结果公报"，浙江在省份排名中位列第二。浙江是唯一在两份排名中都稳居前二的省份。改革开放40多年来（特别是近20年以来）的浙江发展实现了高质量经济发展和高标准绿色发展的高层次统一，成为中国省域层面一道亮丽的风景。

改革开放40多年来，浙江发展的一个基本经验就是坚持绿色发展、坚持保护环境和节约资源，坚持推进生态文明建设。浙江是中国陆地面积最小的省份之一（仅10万平方公里），人多地少、资源短缺，面临严峻的资源环境约束，践行绿色管理既是经济社会发展的内在要求，也是缓解经济发展与资源环境矛盾的必然选择。在浙江发展过程中，绿色管理贯穿生产方式与生活方式全过程，贯穿政府管理、企业管理和社会管理各层面，发挥了极其重要的作用，积累了极其宝贵的经验，初步形成了浙江特色的政府、企业、社会多元协同共治的绿色管理体系。在这一理论和现实背景下，探索并总结浙江绿色管理的理论、案例和经验极有必要，《浙江绿色管理理论和经验研究系列》丛书应运而生。

《浙江绿色管理理论和经验研究系列》丛书是我们多年来对浙江绿色管理实践持续关注和深入研究的结晶，主题涵盖了改革开放40多年（特别是近20年以来）浙江绿色管理的多个方面。丛书第一辑共6本，其中，《浙江绿色管理案例和经验——企业绿色管理篇（第一辑）》（王建明编著）主要依据企业绿色管理的生命周期分类介绍浙江企业绿色战略、绿色创新、绿色生产、绿色市场、循环经济等实践案例和经验启示；《浙江绿色管理案例和经验——城市绿色管理篇（第一辑）》（王建明编著）主要依据市县绿色管理的思路分类介绍浙江县域绿色规划、绿色发展、绿色治理、绿色改造、绿色督察等实践案例和经验启示；《浙江绿色管理案例和经验——美丽乡村管理篇（第一辑）》（高友江编著）主要根据浙江乡村地貌特征分类介绍浙江乡村山地丘陵且沿溪环河地带、山地丘陵且沿江环湖地带、山地丘陵地带等地的实践案例和经验启示；《浙江绿色管理案例和经验——垃圾治理篇（第一辑）》（高键编著）主要根据浙江垃圾分类管理的内容分别介绍城市垃圾分类管理，农村垃圾分类管理，垃圾减量、清运和回收管理，垃圾处置等实践案例和经验启示；《浙江绿色管理案例和经验——水污染治理篇（第一辑）》（冯娟编著）主要根据浙江水污染治理的领域分类介绍浙江治污水、排水、五水共治、河湖长制等实践案例和经验启示;《浙江绿色管理案例和经验——政府监管篇（第一辑）》（赵婧编著）主要根据浙江政府监管的主题分类介绍浙江环境监管体制改革、环境监管考核评价体系改革、环境执法实践、产业监管实践等实践案例和经验启示。

　　本丛书通过浙江绿色管理案例的生动呈现，以不同的主题、不同的维度和不同的切入点全面深入地展现浙江绿色管理的理论进展和实践成果，并进一步凝练出浙江绿色管理的系统理论，旨在打造一个全面丰富的绿色管理"浙江样版"。期望本系列丛书的出版能够丰富中国特色的绿色管理理论体系，为探索绿色管理经验的社会各界人士提供现实理论和实践参考，以全面深入地推进中国和世界的绿色高质量发展。

浙江财经大学工商管理学院院长　王建明

2020 年 2 月 20 日

PREFACE
前　言

　　水是生命之源，是人类生存和发展的重要基础。然而自古以来，水问题都是作为多种矛盾集中的所在，可谓"牵一发而动全身"，所谓"治国先治水"，可见水问题的重要性与敏感性。在人类进入工业时代之后，各种水问题、水危机事件层出不穷，经济增长与水环境之间的不协调现象越来越突出。一次次惨痛的教训之后，人们逐渐认识到资源环境的保护、绿色发展和可持续发展的重要性。缘于此，"五位一体"的生态文明观才会成为社会共识，"绿水青山就是金山银山"的发展理念才会深入人心。

　　浙江作为改革的先行区和经济先发地区，自然也较早地遭遇了发展"瓶颈"，资源短缺、要素配置不合理、生态环境恶化等问题凸显。在新常态下，下一轮的发展如何破题成为一个亟须解决的重大议题。在此背景下，2013 年 12 月 26 日，浙江省委省政府在全省经济工作会议上正式启动了"五水共治"工程。这一重大战略举措的出台，主要是为了应对以下五个方面的挑战（浙江工商大学课题组，2016）：①浙江水资源总量大、人均少。浙江水系发达，水资源丰富，单位面积水资源量排在全国第四位，仅位居台湾、福建和广东之后。但是，浙江的人均水资源量只有 1740 立方米，不仅不足世界人均水资源量的 1/4，甚至还低于 2200 立方米的全国平均水平（王建满，2014）。②降水集中、洪涝灾害频发。浙江每年初春和梅雨季节的降水量占全年总降水量的 70% 以上，洪峰相对集中，极易引发洪涝灾害。再加上受台风影响，城市内涝频繁（王春，2013）。③水污染严重、水危机凸显。目前，浙江地表水的总体水质为轻度污染，平原河网的总体水质为重度污染，而杭州湾、三门湾、象山港、乐清湾等近岸海域则污染极为严重，均为劣 V 类水质。根据水功能区目标水质评价，2013 年浙江省达标率只有 39.5%（石平，2013）。④用水总量多、效率低。浙江近年来的年总用水量都在 220 亿立方米以上，整体供水压力很大。与此同时，全省平均水资源利用率却只有 15.4%（浙江省水利厅，2012）。如果把水资源时空分布不均和水污染等因素考虑在内，浙江实际上已经开始面临"水乡缺水"的难题。⑤产业发展的"浙江模式"亟待转型升级。民营企业、"块状经济"是浙江发展的基础，如永康的小五金产业、海宁的皮革产业、浦江的水晶产业、绍兴的纺织印染业、嘉善的养猪业、诸暨的袜业等富民产业均为高污染产业，且大多为小作坊生产方式，对水资源造成极大污染和破坏。如何以"壮士断腕"的勇气，一方面整治、关停高污染企业，另一方面以治水为抓手和契机，发展当地循环经济、绿色产业，加快促进产业转型升级，是当务之急。

"五水共治"启动至今已历经 7 年，在这 7 年当中，政企民各界团结一心，按照"三五七"时间表要求和"五水共治、治污先行"路线图，通过统一部署、坚定信心、果敢行动、排除万难，终于取得了今天的伟大成效。如今，浙江的清澈河水和"美丽环境"又重回人们视线，不仅如此，一整套关于"治污""五水共治"的理念与战略、政策与制度、方法与策略、案例与经验已经形成，而治水经验、制度和模式是浙江乃至全国无形的宝贵财富。

基于此，本书尝试对浙江省"五水共治"过程中的典型案例与经验进行梳理与归纳。本书是一部关于浙江省水污染治理和绿色管理的案例与经验选编，汇集了浙江开展"五水共治"以来，水资源绿色管理各个方面的丰富实践与经验总结，向读者展示了浙江水资源绿色管理的现实样本。本书内容分为六篇（包含结论篇），共收录了 41 个浙江省水资源绿色管理典型案例，系统总结了政府、企业、民众各界实施水资源绿色管理过程中所进行的探索与努力，以及取得的经验和启示。各篇内容分为以下几块：第一篇理念与战略，共 6 个案例；第二篇政策推行与制度保障，共 10 个案例；第三篇治水专项实施——排污、治污与节水，共 10 个案例；第四篇技术创新与产业转型，共 8 个案例；第五篇城乡经验，共 7 个案例；结论篇包括浙江水资源绿色管理的重要阶段与举措、浙江水资源绿色管理的八大经验和八大启示。本书中涉及的案例来自社会各界，涉及政府、企业、店铺与普通百姓，这些案例从不同的视角、不同的层面，全局统筹、制定绿色管理政策与制度，或局部思考提出一家企业、一个商店、一条河的绿色管理具体解决方案，或全局与局部兼顾摸索出本市、本镇实施绿色管理的思路与模式。这些案例中的各界参与者以绿色理念为指导、以绿色战略为引领、以绿色政策为抓手、以绿色制度为保障、以绿色创新为驱动、以绿色管理典型案例为样板，通过自上而下的战略体系、自下而上的执行与监督系统，各级政府、企业与普通民众之间密切协作，探索出了各式各样水资源绿色管理的可行模式，也总结出了丰富多彩的宝贵经验，为其他省份、城市、单位、企业提供借鉴与启示。本书通过"案例梗概""关键词""案例全文""经验借鉴"四个环节对41篇案例进行系统分析，每一篇的启发思考题以及结论篇的八大经验与八大启示，更是本书对浙江省水污染治理的系统梳理与总结。

本书概括总结的浙江"五水共治"和水污染治理八大经验具体如下：

经验一，贯彻新兴理念，绿色发展引领。

经验二，创新法规制度，落实河长责任。

经验三，横向部门协同，纵向五级联动。

经验四，政企民众合力，激发治水热情。

经验五，依靠科技治水，依托数字管理。

经验六，一手整治污染，一手发展经济。

经验七，加强监控执行，建立长效机制。

经验八，注重人才培养，创建河长学院。

本书总结的浙江"五水共治"和水污染治理的八大启示如下：

启示一，观念思想引领，提高发展站位。

启示二，整体规划先行，层层分解目标。

启示三，法规制度创新，目标实施落地。

启示四，责任分工明确，横向纵向联动。

启示五，全民参与治水，共享生态红利。

启示六，数字科技运用，动态实时监控。

启示七，整治发展并举，产业转型升级。

启示八，创新人才培养，夯实发展根基。

本书获得研究阐释党的十九届四中全会精神国家社科基金重大项目（20ZDA087）和浙江省高校高水平创新团队"转型升级和绿色管理创新团队"的资助，且是集体智慧的结晶。参与本书案例分析的浙江财经大学学生有：黄倩蓉、徐叶盼、张雨、杨心怡、陈羽萱、李达、徐佳妮；参与本书资料收集和整理的浙江财经大学学生有：阮珊琼、林未雨、黄菲菲、夏雨、奚旖旎、刘艺璇、芦婷、彭伟、汪逸惟。在此，一并向他们表示感谢。

本书可以作为相关专业（工商管理、市场营销、水利水电、地理学、电子商务、国际商务等）研究生、本科生、高职生学习"管理学""绿色管理"

"政府政策管理""绿色营销""绿色创新""污水处理""行政管理"等相关课程的案例教学参考书、实训实践指导书或课外阅读书目，还可以为从事绿色管理、水资源管理、水污染防治的政府、企业相关工作人员提供实践操作指导。

尽管笔者已经做出最大努力，但由于水平有限，加上编写时间比较仓促，书中难免存在不当或者错漏之处，敬请各位专家、学者、老师和同学批评指正（邮箱：juan_von@ zufe. edu. cn）。

冯 娟

2020 年 4 月 30 日于英国考文垂

DIRECTORY
目 录

第一篇
理念与战略

一、临安市：全民治水，治出心中的那片青山绿水

 案例梗概

1. 明确"八大战役"为主的治水工作。
2. 农办重点实行三项工作，打好农村生活污水收官战。
3. 临安市原林业局牵头打好畜禽养殖整治攻坚战。
4. 市水利水电局牵头打好河长制工作持久战，各级河长负责不达标河道歼灭战。
5. 规划建设局带头落实污水厂"三率"突破站。
6. 市砂石办牵头打好砂场整治巩固战。
7. 各工作主体加快进程，并且倡导全民治水。

关键词：浙江，治水，青山绿水

 案例全文

　　"五水共治"是一项工程浩大的民生项目，2015 年以来，临安在市委、市政府的领导下，结合临安实际，以 55 个治水项目推进落实为核心，扎实推进"河长制"、"清三河"达标县创建、劣 V 类水消除三项重点工作，列入杭州市考核的 2 项重点工程和 24 项主要任务全面完成，"五水共治"工作取得了新成效。

　　然而，临安的治水人并未满足现状，在 2016 年"十三五"规划的开局之

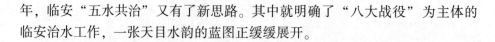
年，临安"五水共治"又有了新思路。其中就明确了"八大战役"为主体的临安治水工作，一张天目水韵的蓝图正缓缓展开。

第一战：打好农村生活污水收官战

收官战的总体目标是实现"农村生活污水治理全覆盖、农户受益率80%以上"。农办作为牵头单位，督促镇、街重点做好三项工作：2016年4月底前，完成2015年实施项目验收、交付工作，共90个村；7月底前，完成2014年实施项目的整改、验收、交付工作，共158个村；当年实施的项目，要确保9月底前完成工程建设，10月底完成验收交付工作，共39个村。验收交付后，规划建设局督促运维单位抓紧完成智能化监管平台建设，并落实好长效运维的管理和考核工作，确保农村生活污水治理工程能够正常运行，发挥作用。各镇街作为项目建设和运维的责任主体，要落实专门力量，加强项目质量和进度管理，确保打好收官之战。

第二战：打好畜禽养殖整治攻坚战

畜禽养殖整治由临安市原林业局牵头，具体由各镇街负责实施，推进养殖污染扩面整治。2016年10月底前，完成年存栏生猪5头以上散养户整治313个，利用沼渣沼液资源26.6万吨。全面巩固禁养成果。坚决关停禁养区的4个养殖场，要求6月底前必须关停到位。大力推进沼渣沼液资源化利用。於潜、潜川、太阳、天目山、板桥等生猪养殖重点镇要建立市场化运行机制，大力推广沼渣沼液综合利用PPP模式，推进市场化运营的进程。加强河道畜禽养殖污染综合整治。伍村溪、古竹溪、双坑溪周边养殖场要严格按照"一场一策"进行整治，确保养殖污水不排入河道，全面消除因畜禽养殖而导致的劣V类。

第三战：打好河长制工作持久战

河长制工作由临安市水利水电局牵头，各级河长具体负责。各级河长要将"一河一策"年度整治方案上报河长办，方案要切实可行，有操作性。各级河长要认真落实河道巡查等各项制度，切实提高公开电话的接通率和相关工作职责的知晓程度，并实现河道保洁全覆盖。

河湖库塘清污（淤）工作是2016年治水工作的一项重要举措，这项工作也由水利水电局牵头。清污（淤）重点是臭水沟、村中池塘、穿越城镇的有污染的河道和多次不达标河道，以及有饮用水水源功能的山塘水库和保障主城区供水的里畈水库。目标任务是全年清污（淤）100 万立方米。清污（淤）工作实行分级负责制，2016 年第一批清淤 14 万立方米，要求 6 月中旬前完成，水利部门抓紧与各镇街对接，按照计划尽早实施。

第四战：打好污水厂"三率"突破战

"三率"是指污水处理厂的负荷率、处理率、达标率，这项工作由规划建设局牵头落实。一是加快治污工程建设。2016 年重点完成城市污水处理二厂一期主体工程和潜口镇污水处理厂建设，完成城市主干管和截污纳管 25 公里、集镇污水管网建设 25 公里。二是提高污水纳管率。污水管网建成后，加大现场核查力度，重点检查有无按设计施工到位，末端是否接管等方面，查出问题就切实落实整改到位。三是推进第三方运行管理。2016 年 6 月底前，所有集镇污水处理厂实现第三方运行管理，切实提高规范运行管理水平，提高出水达标率。

第五战：打好不达标河道歼灭战

这项工作由各级河长负责。根据 2015 年 5~12 月临安市 166 条河道水质监测数据统计，3 个月以上不达标河道有 12 条，2016 年市级以上河道由联系部门负责牵头制定和实施不达标河道整治方案，河道联系部门主要领导配合市级河长包保治理河道；镇街级河道由属地镇街负责制定和实施不达标河道整治方案，属地政府主要领导包保治理河道，确保打赢这场歼灭战。

第六战：打好巩固战

这一项工作由市砂石办牵头。自 2013 年启动砂石整治以来，通过关停和整治，砂石开采市场得到了明显的规范，整治成效非常明显。但由于利益驱动，新增非法砂场时有发生，部分砂场明关停暗经营，取缔任务还很艰巨。临安市加强日常监管，规范合法砂场管理。砂石办和各相关部门要定期对砂场巡查或联合巡查，督察砂场做好日常管理工作，确保规范生产经营。严厉打击、依法取缔非法砂场。对新增的非法砂石场由国土、林业、水利、公安等部门根据各自职责依法查处，做到违法必究，执法必严。严格控制，倒逼砂场转型升级。由于临安市大部分砂场的采砂工艺比较传统，对生态环境的破坏较大，因此淘汰传统制砂业是必然趋势，临安市在巩固整治成果的基础上，推进砂场采砂工艺的转型升级。

第七战：打好工程项目抢先战

各责任主体加快项目前期，有力推进"五水共治"项目建设。2016 年重点做好：昌化溪、天目溪、中苕溪中小河流治理工程（共 4 公里）、水库除险加固续建工程 5 座、万方以上山塘除险加固 25 座、农村河道治理 40 公里、青山湖综保岸线整治工程（水专项）、双溪口水库可研编制等工程。市国资、水利等部门要统筹抓好城乡居民饮用水工程，新建供水管网建设 8 公里，改造供水管网建设 3 公里，完成农村饮用水安全提升 25000 人等年度任务。

第八战：打好全民治水保卫战

这项工作由"五水共治"办公室牵头落实。打响全民治水品牌特色，营造政企民联动治水良好氛围。充分发挥职能部门的主体作用和工人、青年、妇女等群众团体的生力军作用，深入开展文艺表演、书画展览、演讲比赛等各种群众喜闻乐见的活动，使广大群众提升对"五水共治"工作的思想认识。充分发挥基层党组织和基层党员的作用，推广党员河道责任制，将河道清洁、巡查作为基层党员活动日的重要内容。充分调动企业参与治水积极性，吸引上市公司、重点排污企业、环保治理公司等有条件的企业参与到"五水共治"中来。充分发扬民间治水力量，鼓励全市广大干部群众积极参与治水。

资料来源：徐文波、钱冰冰：《全民治水，治出我们心中的那片青山绿水》，《钱江晚报》2016 年 4 月 15 日，第 10005 版。

 经验借鉴

临安市明确以"八大战役"为主体的治水工作，分别为农村生活污水收官战，畜禽养殖整治攻坚战，河长制工作持久战，污水厂"三率"突破战，不达标河道歼灭战，砂场整治巩固战，工程项目抢先战，全民治水保卫战。主要经验有如下几条：①分工明确。在治理不同污水源头时，政府将各个问题以及解决办法交给相对应的部门去安排和执行，极大地提高了解决问题的效率。既表明了治水的决心，也肯定了各部门的工作能力。进一步加强了全民治水的信心。②贯彻落实"可持续发展"理念，例如，在治理养殖污水过程中，利用沼渣沼液资源26.6万吨，大力推进沼渣沼液资源化利用。坚决关停禁养区的养殖场，而对于养殖重点镇则建立市场化运行机制。坚决落实可持续发展。"五水共治"既优环境更惠民生，还可以倒逼经济发展方式转型。③态度坚定，目标明确。临安市在治理污水过程中各部门都致力于完成任务，不打马虎眼，消灭一切"拦路虎"，甚至抱着一种"不达目的不罢休"的态度，各部门都尽职尽责互相配合从而打好治理污水这个攻坚战。④团结一致，全民治水。临安在"五水共治"、治污先行的政策下，全民动员共同努力，各部门不仅通过治污来为人民谋取利益，而且还由"五水共治"办公室牵头，打响全民治水的品牌特色，营造政企民联动治水的良好氛围。发扬民间治水力量，鼓励全市广大干部群众积极参与治水。临安市全民治水的思路对全国各个地区和城市都具有很好的借鉴作用。只要政府、企业、群众团结一心，贯彻落实"可持续发展"理念，很多问题都会在各部门的共同努力下迎刃而解。全民治水，总会治出人们心中的那片青山绿水。

二、杭州市：画境里邂逅绿色

案例梗概

1. "绿水青山就是金山银山"发展理念深入人心。
2. 启动"五水共治"，污水得到解决，环境得到治理，市民从中受益。
3. 走出一条创新驱动、转型升级的绿色发展之路。

关键词："五水共治"，转型升级，绿色发展

案例全文

"绿水青山就是金山银山"这一生态文明建设理念已融进杭州广大干部群众的血液中，并在杭州大地生根发芽、开花结果。杭州以创建国家生态文明建设先行区为抓手，大力推进"美丽杭州"建设，谱写了绿色发展的新篇章。

江南水乡清水轻轻荡漾

从西湖到钱塘江，从苕溪到千岛湖，如今到处是碧水清渠，人在岸边行，船在景中游。"良好生态环境是最好的公共产品，是最普惠的民生福祉"，这一汪汪碧水，就是近年来杭州生态环境建设的生动"倒影"。

从 2014 年起，杭州启动"五水共治"（治污水、防洪水、排涝水、保供水、抓节水）行动，开始全面整治自然生态环境。与"五水共治"同时启动的，还有"三改一拆""四边三化"等环境整治项目。在整治行动中，污水死塘、污染河道、残破棚屋等"城市污点"纷纷被拆除，取而代之的是整洁悦目的绿色、清水，以及周边老百姓竖起的大拇指和脸上的笑容。

几年的铁腕治水，杭州成绩斐然。2016 年，在全市纳入监测的 1845 条河道中，优于Ⅴ类水质比例同比上升 25%，市控以上功能区断面水质达标率同比上升 10.6%。钱塘江成为全省 8 大流域中第一条率先全线达到Ⅲ类的河流，苕溪功能区达标率 100%，西部四县（市）桐庐、淳安、建德、临安基本实现全域可游泳。

在"五水共治"行动中，治污水成为重中之重，杭州市强势推进创建"零直排区"工作，截至 2016 年 10 月，整治、消除沿河排污口近 9000 个，消除 71 条 460 公里垃圾河。

"五水共治"齐头并进。防洪水：主城区堤防基本已达到"百年一遇"的防洪标准，全市水库年病险率被控制在 3%以内；排涝水：基本实现"主城区短时强降雨积水及时排除，道路交通不中断，居民家中不进水"；保供水：战略备用水源闲林水库下闸蓄水，城区备水能力从 1.5 天提高到 8 天；抓节水：自 2002 年起，杭州市已连续 13 年被评为节水型城市。

杭州是中国唯一一个被 BBC 评为"全球公共自行车服务最棒的城市"；大批新能源公交车奔跑在杭城街头，"零排放"、无污染，是居民出行的另一种绿色选择。走在杭州的街头，你随时能感受到这座城市的低碳绿色。

"绿水青山就是金山银山"

既要绿水青山，也要金山银山。在杭州人看来，两者不但不矛盾，反而相辅相成。杭州深入实施"一号工程"，走出一条创新驱动、转型升级的绿色发展之路。"十二五"规划期间，杭州先后淘汰落后产能企业 1500 余家，产业结构加速向低碳方向集聚，2015 年第三产业占比达到 58.2%。梦想小镇、云栖小镇、基金小镇、富春硅谷小镇、梦栖小镇、紫金小镇等一批特色小镇落地生根，结出喜人的果实；智慧应用、新能源汽车、移动互联网、工厂物联网、智能制造、工业绿色发展、园区再提升、企业精准服务八大专项正成为新一轮的经济热点。2015 年杭州全市生产总值 10053.58 亿元，成为全国第十个 GDP 总量超万亿元城市，比 2014 年增长 10.2%，增幅居全省第一、副省级以上城市第二。

如今，绿水青山不仅成为杭州人的幸福家园，更是建设世界名城、绘就美丽杭州的"背景色"。

资料来源：汪玲：《画境里邂逅绿色 "两山"理论铺就杭州绿色发展之路》，《中国建设报》2016 年 10 月 25 日，第 08 版。

 经验借鉴

"绿水青山就是金山银山"的生态发展理念深入杭州市人们心中。经过多年发展，杭州已经实现历史与现代、中国味与国际范、绿色与发展的巧妙融合。"五水共治""三改一拆""四边三化"齐头并进。打造"国内最清洁城市"。生态建设与经济发展相辅相成，互相促进。主要经验有以下几点：①坚信保护环境就是保护生产力，改善环境就是发展生产力。不能一味追求经济的快速发展从而导致环境一步一步地恶劣下去，而杭州正是做到了这一点，坚定地走绿色发展的道路，坚决不以破坏环境为代价追求经济发展。②手段强硬，说到做到。杭州在保护环境的过程中面对那些老企业同样采取强硬手段，关停工作了半个多世纪、曾让杭州人无比自豪的杭州钢铁，并且加速淘汰治理大中小燃煤锅炉，关停转迁等高能耗、高污染、高排放的企业，为进一步改善杭州环境奠定了坚实的基础。③"五水共治"，齐头并进优环境惠民生。杭州市政府启动"五水共治"行动取得重大成效，例如，主城区堤防基本达到"百年一遇"的防洪标准，城区供水能力从 1.5 天提高到 8 天。这个决策也成功地倒逼经济发展方式转型，着力推进绿色发展、循环发展。④在低碳发展道路上占领先机。杭州是中国唯一一个被 BBC 评为"全球公共自行车服务最棒的城市"；而且大批新能源公交车奔跑在杭州街头，"零排放""零污染"。除此之外，杭州深入实施"一号工程"，走出一条创新驱动、转型升级的绿色发展之路，使产业结构加速向低碳方向改变。

三、嘉兴市："绿思维"激活一池春水

 案例梗概

1. 嘉兴市治水先治污，通过弃旧扬新来治理污水。
2. 嘉兴市通过组织开展码头整治提升，推进船舶防污染工作。
3. 通过开展内河船型标准化工作，打通海河联运，加快港口升级等一系列举措绿化了嘉兴。

关键词：弃旧扬新，码头整治，海河联运

案例全文

一声长长的汽笛声自塘河处传来，须臾间，一艘装满建材的百吨货轮缓缓驶入浙江海宁斜桥码头。船老大陈师傅从船里拉出一根电线接在岸边一人高的充电桩上，随后又取出用电卡插入充电桩，不到 10 秒钟把卡取出。简单的几个操作，张师傅的船已经通上电了。

"平时用电全靠柴油发电机，噪声污染重不说，还存在很大的用电安全隐患。现在用电每小时只要 1 元左右，一年下来可以节省 5000 元左右电费呢。"陈师傅表示。

陈师傅的生计之变折射出嘉兴这个"鱼米之乡"的发展"底色"。治污染、转方式、调结构，嘉兴保持着"不畏浮云遮望眼"的清醒，坚守着"乱云飞渡仍从容"的定力，曾经的美丽，让白鹭栖息，如今的变革，让城市活力四射。

治沉疴："黑码头"让路绿色发展

嘉兴依水而建，因水而兴，水是这座城市的灵魂。然而，让人引以为豪的水，曾经却成为嘉兴"不能说的痛处"。由于养猪业、纺织业等高耗能、高污染企业密布两岸，一笔生态环境的"旧债"成了嘉兴亟须面对的难题。

要守住发展底线，环境保护的"硬杠杠"不能宽，节能减排的"紧箍咒"不能松。而想啃下这块硬骨头，没有新路子不行。治水先治污，嘉兴人一手"弃旧"，一手"扬新"。

嘉兴市在全省率先采取"关闭淘汰一批、保留提升一批、规划新建一批"的方式，截至 2016 年 10 月底，关停码头 546 家，整治提升 111 家。嘉兴市组织开展码头整治提升，中远普泰物流园由国务院特批成为全国通关试点口岸；重点推进公用作业区（码头）和专用码头的建设，建成了嘉兴内河港多用途港区二阶段工程、嘉兴市现代综合物流园北区码头、海宁经济开发区中粮项目配套码头等。

"蓝图"要落地，没有"实招"不行。针对用地违法被关停和许可有效期届满未延续等情况的码头，依法予以公告注销，2016 年公告注销港口岸线许可和港口经营许可 202 件。"以壮士断腕之决心，将对 900 多座内河码头进行综合整治，着力构建最美内河港区，实现生态与经济协调发展。"作为嘉兴辖区率先完成内河码头整治工作的地区，海宁市港航管理处相关负责人颇有些自豪。

同样上保险的还有"公铁"沿线的码头。据了解，截至 2016 年 12 月，在"公铁"沿线码头环境专项整治工作中，累计整治规范码头堆场 67 个。

船舶污染治理同样是治水中不可或缺的一个环节。为此，当地政府竭尽所能推出一系列措施：①推进船舶防污染工作。截至 2016 年 10 月底，共接收船舶上岸垃圾 67.1 吨，积极推进油污水接收点和专业油污水收集船建设。②开展内河船型标准化工作。鼓励淘汰老旧小吨位船舶，发展 LNG 新能源、高能效示范船，截至 2016 年 10 月底，全市共完成船舶拆解改造 455 艘，发放政府补贴资金 2799.74 万元。

嘉兴市港航管理局与国网嘉兴供电公司共同签署了《嘉兴市岸电建设框架协议》。"自从乍浦港使用岸电，整个港口变得干净又清静。根据计算，港口投运岸电系统后，实现年替代电量 19 万千瓦时，减少排放二氧化碳约 2320 吨，二氧化硫约 96.3 吨，氮氧化物约 78.2 吨。"海宁市供电公司营销负责人说。

通经络：打通海河联运"最后一公里"

第四方水运物流平台——"新船帮"的成立，打通了海河联运"最后一公里"。"我们平台的业务以长江流域大宗货物集聚地为中心辐射至全国，目前已开通山东与浙北两条航线，嘉兴是平台线下重要根据地。主要是帮助货主、船东解决信息不对称，船只空放率高，找货找船难等问题，从而提高了航运效率，降低物流成本。"杭州新船帮科技有限公司董事长付海平表示。截至 2016 年 12 月，该平台已入驻船户 5000 余户、410 万载重吨，实现浙江、上海、江苏、山东四省八地的业务布点。

让付海平看中的正是嘉兴密集的水网优势。作为杭嘉湖地区经济发展和对外贸易的重要窗口，嘉兴水运网络发达，内河航道总里程、密度均居浙江省首位。与京杭大运河及太湖、长江水系融会贯通，有"前海后河"的天然优势，是全国少有的最具发展海河联运潜力的地区之一。

纵然"天生丽质"，也需后天养护。近年来，凭借内河水运方便、快捷、低成本的优势，如今煤炭、矿石等大宗运输已基本上实现"弃陆走水"。但由于内河航道通而不畅、畅而不联或桥梁节点出现"肠梗阻"，制约了内河集装箱运输的发展。如何补齐嘉兴内河水运发展短板，一道考题摆到了决策者的面前。

要补齐嘉兴内河水运短板，就必须给内河航道"疏经"，给桥梁节点"通络"。目前，嘉兴已先后完成湖嘉申线嘉兴段一期、何家桥线工程以及河联运的主动脉——杭平申线航道改造工程。

此外，在"十三五"规划中，浙江全面启动通往嘉兴港的浙北高等级航道网集装箱运输主通道工程，改造桥梁 40 余座，投资约 62 亿元，项目建成后船舶装载集装箱层数可由 2 层提高到 3 层，每只集装箱运输成本可降低约 20%，将进一步提升内河与沿海联动水平。

根据《"十三五"嘉兴内河水运集疏运体系规划》，市将建成总投资约 133 亿元、以"内通畅、外通海、海河并举"为目标的"三横、三纵、一通道、六港区"的内河航道网。嘉兴市内河水运的短板正被有序补上。

双升级：一张蓝图绘到底

加快港口升级，更是作为港产城联动的举措。嘉兴内河航运有限公司相关负责人介绍，近年来，通过整合内河港口资源，嘉兴逐步建立了以嘉兴内河港多用途港区、中粮项目海宁经济开发区专用码头、桐加石油濮院成品油库、嘉兴铁路东站货场煤炭专用码头、嘉兴石化有限公司专用码头、浙江盐业集团嘉兴配送中心码头、嘉兴现代综合物流园北区码头等工程为主的"一港六区"内河港口体系。

　　嘉兴内河国际集装箱码头于 2010 年底开通第一条至上海外高桥的航线后，2015 年吞吐量即达到了 18.4 万标箱，同比增长 15%。形势下逆市飘红。

　　"十三五"规划期间，嘉兴继续优化调整港口功能布局，强化外海内河、海域陆地、港口及后方配套用地统筹，推进嘉兴内河港"一港六区九个作业区"建设，实现内河港口吞吐能力 1.55 亿吨，500 吨级以上泊位 400 个，吞吐量达到 1.3 亿吨，形成"航道网络化、港口专业化、船舶标准化、信息一体化"的港航四化格局。

　　车有双轮，才能远行。"只有将'航道+码头'双重升级，才能引凤自来"。依托规模化现代化港口，嘉兴市还将不断拓宽港口功能，把延伸服务作为服务创新的重点，将港口建设成为以现代化运输为主线，集仓储、包装、配送、加工、信息服务等多种增值服务功能的现代化物流中心，港口也将转变为内涵更广、层次更高的物流枢纽。

　　风光依旧，古城不老。"一张蓝图绘到底"擘画美丽幸福新嘉兴。

　　资料来源：廖琨：《"绿思维"激活嘉兴一池春水》，《中国水运报》2016 年 12 月 2 日，第 1 版。

 经验借鉴

　　嘉兴瞄准未来、把握趋势、超前布局，其治水经验如下：①发船改用电，极大地降低了污染，有效地保护了环境。发船改用电不仅操作简单，降低了安全隐患，减少了噪声污染，还节省了电费。嘉兴人秉着"治污染、转方式、调结构"的精神，让这个城市活力四射、美丽干净。②由于养猪业、纺织业等高耗能、高污染企业密布河流两岸，生态环境的不断恶劣成了嘉兴急需面对的难题。而水又是嘉兴人的依靠，所以治水刻不容缓。嘉兴采取"关闭淘汰一批、保留提升一批、规划新建一批"的方式极力整治。③制订计划必不可缺，但更关键的是落地实施。嘉兴人以壮士断腕之决心，对 900 多座内河码头进行综合整治，着力构建最美内河港区，实现生态与经济协调发展。④蓝图规划对于一个地区的发展起着至关重要的影响。嘉兴通过优化调整港口功能布局，强化外海内河、海域陆地、港口及后方配套用地统筹，形成"航道网络化、港口专业化、船舶标准化、信息一体化"的港航四化格局。结合现代网络和科技，才能做到更加现代化。依托规模化现代化港口，嘉兴市不断拓宽港口功能，把延伸服务作为服务创新的重点，将港口建设成为以现代化运输为主线，集仓储、包装、配送、加工、信息服务等多种增值服务功能的现代化物流中心，港口也将转变为内涵更广、层次更高的物流枢纽。

四、丽水市：治水兴村富民百姓笑

 案例梗概

1. "五水共治"深入人心，坚定不移打好治水攻坚战、持久战。
2. 全域共治，以治水美村貌、振兴乡村。
3. 推出"厕所革命"，农村全面卫生改厕。
4. 点水成金，以治水育产业、促增收。

关键词："五水共治"，全域共治，厕所革命，点水成金

 案例全文

"水中有民心。"近年来，随着环境保护力度加大，"五水共治"不断深入，水环境不断优化，浙江省丽水市委市政府深刻认识到"民心才是真正的政绩，只有水治好了，老百姓才能生活得更舒心、更幸福"。

在坚定不移地打好治水攻坚战、持久战的基础上，丽水市再次拉高标杆、争先进位，提出了描绘"一江丝路盛景，十城秀水河川，百里滨水画卷，千村碧水绕映"秀山丽水新画卷的治水目标。一个个富裕美丽文明的乡村出现在这片热土上。

牢记嘱托，以治水聚民智、惠民生。习近平同志在浙江任职期间，曾8次来到丽水，赞叹"秀山丽水，天生丽质"，并寄予"绿水青山就是金山银山，对丽水来说尤为如此"的重要嘱托。

丽水牢牢把握治水就是惠民生，将"五水共治"工作与增加群众经济收

入、改善群众居住环境、提高群众生活质量相结合，让人民满意。几年来，以"五水共治"为突破口，始终践行"绿水青山就是金山银山"发展理念，以"坚守生态底线，筑牢生态屏障"为己任。

2016 年丽水市获得浙江省"五水共治"工作优秀市的荣誉称号并被授予"大禹鼎"，群众满意度连续 4 年排名全省第一。龙泉、庆元、缙云县分别两次获得全省"五水共治"工作优秀县（市、区）并被授予"大禹鼎"。

丽水市水质稳居全省前列，无劣 V 类水质断面，28 个省控监测断面均达到 III 类及以上水质，达标率 100%。2017 年丽水市获得浙江跨行政区域河流交接断面水质考核优秀。

水质的优化，改变的不仅是环境，还有老百姓的生活。丽水作为地级市中首个"中国长寿之乡"，拥有"五位一体"的养生体系，2011 年被评为"国际休闲养生城市"。

全域共治，以治水美村貌、振兴乡村。全境剿灭劣 V 类水是底线，丽水争做排头兵，2017 年 6 月底在全省率先全境完成剿灭 V 类水任务，真正展现治水在环境美化中发挥出独特作用，为建设美丽的乡村做贡献。

目前，丽水已累计建成几十条美丽乡村风景线。美丽城乡，各具特色。"诗画乡村"龙泉、"美丽村居"青田、"山水童话乡村"云和，等等，每一座城池都魅力凸显。如今的丽水，"绿水青山掩映小桥流水人家"，处处是风景，村村是景观。

同时，丽水还推出"厕所革命"，农村全面卫生改厕，公共厕所以星级标准建设。让美丽城乡"面子、里子"一样清新洁净。如今，城美人富，开启美好生活是丽水的写照。绿水青山，是丽水人幸福的底色。循着"绿水青山就是金山银山"的绿色发展之路，丽水正在挥洒铺陈"水清、山绿、天蓝、人和"的"两美"新画卷。

点水成金，以治水育产业、促增收。治水让美丽环境成为农民增收致富的源头活水，为振兴乡村迈出坚实的一步。发展"美丽产业"，打造"美丽经济"走出一条"绿水青山就是金山银山，碧水就是生财之水"的绿色生态发展之路。

瓯江流域崛起生态农业、养生养老、电子商务、特色小镇等美丽经济，特别是生态旅游业发展快。凭借山清水秀空气好，丽水生态旅游风生水起，旅游接待总人数和旅游总收入增幅大。进城打工的村民有些开始返乡了，还有少数在国外的游子回来了。

云和县长汀村，原是空壳村，现在兴旺了。当地利用沙滩开发旅游，在城中开理发店的青年当了村长，他说，回乡收入一年20多万元。人才回来了，乡贤回来了，自然就发展起来。丽水老百姓的钱袋子越来越鼓，让产业变绿，又让绿变产业，这正是丽水践行"绿水青山就是金山银山"发展理念的收获。如今丽水越来越多的老百姓享受着"生态变现""文化变现"的实惠。

资料来源：黄振中、李明、占勇民：《丽水治水兴村富民百姓笑》2018年4月18日，第05版。

 经验借鉴

近年来，随着环境保护力度加大，"五水共治"不断深入，丽水市遵循着"绿水青山就是金山银山"的绿色发展之路，坚定不移地打好治水攻坚战、持久战，并致力于构建"水清、山绿、天蓝、人和"的"两美"新画卷。丽水市绿色发展的主要经验如下：①在治水方面，拉高标杆、争先进位。丽水市在坚持打好治水攻坚战、持久战的基础上，全力谱写丽水生态文明的新篇章。丽水市成功捧得浙江省"五水共治"工作优秀市并被授予"大禹鼎"，群众满意度连续4年排名全省第一。②牢牢把握治水就是惠民生。丽水市将"五水共治"工作与增加群众经济收入、改善群众居住环境、提高群众生活质量相结合。③坚持全域共治，以治水美村貌、振兴乡村。丽水市在全省率先全境剿灭劣Ⅴ类水，不仅改变了环境，还改变了老百姓的生活。此外，丽水构建了几十条美丽乡村风景线，还推出了厕所改革等，从而为乡村的振兴奠定了坚实的基础。④点水成金，以治水育产业、促增收。丽水市的美丽环境成为农民增收致富的活水源头，特别是生态旅游业发展迅速，崛起了生态农业、养生养老、电子商务、特色小镇等美丽经济。⑤始终坚持"绿水青山就是金山银山，碧水就是生财之水"的绿色发展道路。丽水市始终坚持走绿色发展的道路，全市水质稳居前列，从而实现兴村富民。丽水市的绿色发展之路告诉我们，在注重经济发展的同时，还要重视对环境的保护，美丽环境不失为现代经济发展模式中重要的一环。

五、浦江县：治水成功后的文化突围

案例梗概

1. 浦江打响了浙江"五水共治"的第一枪。
2. 各路专家团"夜问"浦江，提出发展建议。
3. 将书画与本地特色充分结合。

关键词："五水共治"，专家团"夜问"，水晶之都，书画之乡

案例全文

　　浦江以境内的浦阳江得名，却又一度因此而臭名。衍生于 20 世纪 80 年代的水晶产业，鼓了当地人的腰包，也致使全县 85% 的溪流被严重污染，90% 以上都是"牛奶河"。

　　2013 年，在浙江省委主要领导的亲自督办下，浦江打响浙江"五水共治"的第一枪。关污染企业，除恶霸贪官，水晶企业从 2.2 万家锐减到 1243 家，拆除淘汰 9.5 万台加工设备。整治后，浦阳江水质已经从连续多年的劣 V 类基本达到 III 类水，当地建成翠湖、通济湖库尾、三江口等 168 个面积不等的小型人工湿地。

　　治水让"水晶之都"涅槃重生。浦江的目标是看齐桐庐，超越义乌。不再看重 GDP 后，发展目标定位在幸福度、美丽度，瞄准的则是相邻的桐庐县、义乌市。看齐桐庐是希望让浦江百姓也享有桐庐般的生活幸福感，超越义乌则是通过打造美丽环境树立生态优势，吸引义乌人住到浦江。

　　要实现目标，也需要打造更有文化情调的浦江。当地准备的大招是治水公园、书画街、老城古街、特色小镇。其中，治水公园占地 12.79 万平方米，相当于 1/50 的西湖，选址所在的翠湖是治水最直观的成果，当地拟建一座治水博物馆、一条 17 公里的生态廊道；书画街、老城古街都是在原有基础上改造、扩建；特色小镇则是赶时髦的产物，当地筹划了仙华小镇、水晶小镇。

2015 年 9 月 11 日晚，海拔 720.8 米的仙华山下，一场持续近 5 小时的"头脑风暴"落幕。宾主双方，一侧是驱车百里从杭州赶来的 10 位专家、学者，另一侧是浦江县四套班子主要领导。这次不设中场休息的"夜问"，把脉的是浦江治水成功后的文化突围。

由省委宣传部常务副部长胡坚带队的专家、学者，此行就是在规划阶段前来考察并提出建议，半数以上都是来自省水利厅、中国美术学院、杭州师范大学、南方建筑设计院的实务型专家。

"夜问"浦江研讨会上，省水利厅总工程师李锐率先发言：建议公园的整体设计要体现"为有源头活水来"的理念，在小范围内实现水的流动。最宜承袭浦阳江、壶源江的流向，把浦江的版图融入其中。这种设计，是在展示治水成果外突出水情教育，版图中体现各个地块的水系，每个断面的实时监测数据也能清晰地看到。

中国美术学院上海设计学院的副院长韩绪，参与过杭州、慈溪等多个城市的规划。他主张体验感至上：要把过去污染的东西搬进公园里，比如污染的淤泥、打磨水晶的嘈杂声音。体验过去很糟糕的东西，让人从差的记忆过渡到好的记忆，印象会更深刻。他还建议在浦江老城古街的改造中，把水晶元素融入地面设计。

画家的思维则是"串"，杭州师范大学美术学院院长周小瓯立马联想到了水和画之间的关系：地方美了，凤凰才会来。"凤凰"包括了需要进行写生的学生、画家。山东汉子杨金勇，这位毕业于中央美院的职业画家，治水后偶然来到浦江，便被优美的环境吸引。他沉下心一个月，走遍仙华山、马岭古村、浦阳江等地，60 余幅写生作品正在当地展出。

硬件要跟上，软件也不能落后。浙江大学传媒与国际文化学院副院长李杰认为：浦江既然是浙江治水的样本，那也要体现治水的样态，也就是产业、民生、生态。而文化则是一种内在，体现在细节中。建议浦江通过打造治水公园，做成水文化标本。从上山水稻开始计算，将一万年来与水相关的生活形态体现出来，从而把自觉亲水、护水的行为逐渐融入当地人的习惯中。

吴山明、吴茀之、张振铎、张书旗、方增先……历数中国近 100 年的书画史，不少名家的祖籍都是浦江。除"水晶之都"名号外，浦江还是"书画之乡"，这是文化部认定的称号，也是浦江致力于壮大书画产业的底气。

然而看过书画街的专家、学者毫不客气。省社科院调研中心主任陈野顺手拿起桌上的材料册子和白瓷杯说：欢迎册上就没有书画元素。这本册子墨绿色的封面上，除了中英文的"浦江欢迎您"和众多称号，就只剩一张县城的风貌图，白瓷杯同样空无一物，书画之乡的"乡"字不够强烈。建议浦江要把"书画之乡"的品牌全程化发展，充分利用资源进行书画理论研究，在不同的乡镇、街道差异化呈现山水、工笔等画作。

浙江工业大学艺术学院视觉传达设计系主任林曦也感受了同样问题：县城里并没有多少与书画相关的视觉识别符号。文化是时间的养成，专家、学者提及最多的就是不要移植，注重提取。林曦表示，应该对特色元素再设计，尤其是利用浦江"水晶之都"的现有资源，积极开发水晶特色礼品，体现本地文化。

胡坚在总结时建议，浦江要把书画与本地特色充分结合起来，围绕巨峰葡萄、浦江十景等素材举办专题书画活动，让满城皆带书画香。

资料来源：潘杰：《治水之后 出路何在 专家团"夜问"浦江》，《都市快报》2015年9月11日，第A08版。

 经验借鉴

来自杭州的十位专家、学者和浦江县四套班子主要领导通过展开了一场活跃的"头脑风暴"，主要探讨了浦江治水之后，出路何在的问题。他们提出浦江的目标是看齐桐庐、超越义乌，继续打造浦江"水晶之都"的美称，同时突出浦江身为"书画之乡"的特色。发展经验如下：①当地主要领导和杭州的专家团共同讨论，共探出路。在认清浦江县目前的发展状况下，借助专家、学者的智，共同探索出一条适合浦江县发展的道路，提出要打造一个更富有文化情调的浦江。②重新改进发展目标，提出浦江的目标是看齐桐庐、超越义乌。该目标主要定位在幸福度和美丽度，致力于让浦江县的百姓感受到和桐庐相似的幸福感，争取打造一个超越义乌的生态文明环境。③浦江除了作为浙江治水的样本，还要体现治水的样态，也就是产业、民生、生态。浦江通过打造治水公园，做成水文化标本，将一万年来与水相关的生活形态体现出来，从而把自觉亲水、护水的行为逐渐融入当地人的习惯中。④展示治水成果，突出水情教育。省水利厅总工程师提出，治水公园的设计要体现"为有源头活水来"的原则，在版图中体现各个地块的水系，同时，每个断面的实时监测数据也能看清。⑤突出"书画之乡"的特点，与当地特色相结合。

看过书画街的专家、学者建议浦江要把"书画之乡"的品牌全程化发展，要充分利用书画资源，研究如何在各个不同的乡镇、街道上差异化地呈现优美画作。他们指出，应该将书画和本地特色相结合，还提出要对特殊元素进行再设计，特别是当地的水晶资源，着力于开发水晶特色产品。浦江县治水之后，出路在于制定新的发展目标，致力于打造更富有文化情调的"水晶之都""书画之乡"。这给浦江县的未来发展指明了正确的方向。

六、浙江探索实行河长制调查

 案例梗概

1. 浙江初步形成了以河长制为核心的责任体系和治水长效机制。
2. 生态环境的恶劣发展促使和河长制的形成。
3. "五级联动"体系，让河长主体责任落到实处。
4. 政府和社会各方力量共同治水的良好格局已经形成。

关键词： 政府，河长制，五级联动，群众基础，发展思想

 案例全文

保护江河湖泊，事关人民群众福祉，事关中华民族长远发展。中央全面推行河长制，既是推进生态文明建设的必然要求，也是维护河湖健康生命的治本之策。2003年，浙江省长兴县在全国率先实行河长制。十多年来，浙江不断健全完善河长制体系，倾全力治水、管水、护水，改善了生态环境，蓄积了发展动力，赢得了百姓点赞，画出了美丽浙江的最大同心圆。作为探索河长制的先行地，浙江的实践对其他地区推行河长制具有借鉴意义。

从钱江源头到东海之滨，从太湖南岸到瓯江之畔，水是浙江最为灵动的韵脚，更是浙江人不懈守护的对象。江南水乡，河湖纵横，浙江全省有8万多条河流。自2003年探索实行河长制至今，浙江已经形成了"省、市、县、乡、村"五级联动的组织体系，把治水从河流延伸覆盖到所有水体，不断推

进治水向全面纵深扩展，营造了全民治水护水的良好氛围，有效促进了水环境质量的改善。统计数据显示，至 2017 年 11 月底，浙江地表水省控断面Ⅲ类水以上占 81%，全省已消灭劣Ⅴ类水质断面，大江大河的水质总体优良，生态环境质量公众满意度由 2013 年的 57.6% 提升到 87.2%。2018 年，在原环保部近日公布的"水十条"考核中，浙江拔得头筹。

河长制，"逼"出来的创新

地处太湖流域的湖州长兴县，境内河网密布，水系发达，有 547 条河流、35 座水库、386 座山塘。得天独厚的水资源禀赋，造就了长兴因水而生、因水而美、因水而兴的文化特质。但在 20 世纪末，这个山水城市在经济快速发展的同时，也给生态环境带来了"不可承受之重"，污水横流、黑河遍布成为长兴人的"心病"。

"虽然经济发展了，但河湖变黑了，水源地污染了，没有干净水吃了。那时候，干部群众很焦虑，大家都在思考着怎么办。"谈起当年的情景，长兴第一任县级河长、政协原主席金树云至今记忆犹新。

2003 年，长兴为创建国家卫生城市，在卫生责任片区、道路、街道推出了片长、路长、里弄长，责任包干制的管理让城区面貌焕然一新。当年 10 月，县委办下发文件，在全国率先对城区河流试行河长制，由时任水利局、环卫处负责人担任河长，对水系开展清淤、保洁等整治行动，水污染治理效果非常明显。

包漾河是长兴的饮用水水源地，当时周边散落着喷水织机厂家，污水直排河里，威胁着饮用水的安全。为改善饮用水源水质，2004 年，时任水口乡乡长被任命为包漾河的河长，负责喷水织机整治、河岸绿化、水面保洁和清淤疏浚等任务。河长制经验向农村延伸后，逐步扩展到包漾河周边的渚山港、夹山港、七百亩斗港等支流，由行政村干部担任河长。2008 年，长兴县委下发文件，由四位副县长分别担任 4 条入太湖河道的河长，所有乡镇班子成员担任辖区内的河道河长，由此县、镇、村三级河长制管理体系初步形成。

长兴发展中遇到的河湖污染问题，浙江其他地区也同样遇到。自 2008 年起，湖州、衢州、嘉兴、温州等地陆续试点推行河长制。"温州模式"曾享誉全国，但产业走了出去，污染却留了下来，民间环保的觉醒，让水环境成为民众的最大关切。2013 年，有网友发微博称："瑞安市仙降街道橡胶厂基地工业污染非常严重，污水直接排入河流，环保局长要敢在河里游泳 20 分钟我拿出 20 万元。"霎时间，"环保局长被悬赏下河游泳"成为网络热词和舆论焦点。

民之所望，施政所向。2013 年，浙江出台了《关于全面实施"河长制"进一步加强水环境治理工作的意见》，明确了各级河长是包干河道的第一责任人，承担河道的"管、治、保"职责。从此，肇始于长兴的河长制，走出湖州，走向浙江全境，逐渐形成了省、市、县、乡、村五级河长架构。2016 年年底，中央下发《关于全面推行河长制的意见》，在全国推广浙江等地的河长制经验。

"五级联动"体系，让河长主体责任落到实处

河长制成为中央深化改革的重要举措后，浙江不断建立健全相关政策法规，推动河长制向纵深发展，先后印发了《关于全面深化落实河长制进一步加强治水工作的若干意见》，制定了全国首个省级河长制专项法规《浙江省河长制规定》，为规范河长行为和职责提供了重要依据。目前，全省共设立省级总河长 2 名、省级河长 6 名、市级河长 272 名、县级河长 2786 名、乡级河长 19320 名、村级河长 35091 名，配备各级河长 5.7 万余名，形成了省、市、县、乡、村"五级联动"的河长制体系，并将河长制延伸到小微水体，实现水体全覆盖。

在"五级联动"河长制体系中，省级河长主要管流域，负责协调和督促解决责任水域治理和保护的重大问题；市、县级河长主要负责协调和督促相关主管部门制定和实施责任水域治理和保护方案；乡、村两级河长协调和督促水域治理和保护具体任务的落实，做好日常巡河工作。

在湖州、衢州、杭州等地，河道、湖泊、水塘醒目位置都设立了河长公示牌，明确标示了相关河长的姓名、职责、整治目标等。浙江先后出台了基层河长巡河、河长公示牌规范设置等管理机制，创新了河长公示、河长巡河、举报投诉受理、重点项目协调推进、例会报告等日常工作制度。目前，省内河道每天有人巡、有人管，巡后有记录；河长巡河发现问题按要求及时处置，特别是入河排污口必查、拍照建档，做到日查日清、事事有回应。

大多数河长并非专业出身，河长制会不会沦为"河长秀"？每天有成千上万名基层河长在巡河，责任是否落实到位了，如何实时监管和考核？在义乌市，基层河长打开 APP，系统就会记录下河长巡查河道的轨迹，平均 3 秒钟定位一次，开车和走路定位点的距离是有差别的。有关市县都建立了河长制

管理信息系统，河长可通过"巡河轨迹管理"系统和"河长日志"系统对巡查轨迹进行 GPS 定位记录，实地上传。目前，浙江全省已初步实现了河长制信息平台、各类 APP 与微信平台等全覆盖，搭建起融信息查询、河长巡河、信访举报、政务公开、公众参与等功能为一体的智慧治水平台。

2016 年底，衢州市 5 个县（市、区）主要领导集中到任，他们上任后的第一件事就是认河、巡河，签订河长履职承诺书，立下军令状，挑起河长的担子。为规范河长履职，浙江每年召开一次全省河长制工作会议，对河长制工作落实情况进行部署。同时，各地出台河长制管理考核办法，考核实行月点评、季通报、年考核以及不定期抽查相结合的方式，考核内容包括管理机制、整治工作及整治效果等方面，考核结果作为党政领导干部考核评价的重要依据。目前，全省有近千名干部被追责，有力地压实了各级党委政府和各级河长的治水工作责任。

水岸同治，美丽浙江重现河清湖晏

庙源溪是钱塘江上游衢江的一条支流，流域面积 80 多平方公里，干流长 23 公里。几年前，由于沿岸有生猪养殖，溪水又脏又臭。衢州柯城区实施全流域整治后，如今的庙源溪已经从过去的黑臭河、垃圾河变为漂亮的风景河。

"河长不好当，治水中有太多的困局需要打破。比如，怎样跳出'就河治河'的窠臼？怎样实现水中岸上联动？怎样兼顾生产生活？"柯城区委书记徐利水感慨地说。

针对水环境治理、水污染防治、水生态恢复等突出问题，浙江全省以剿灭劣 V 类水作为重点工作，由河长牵头制定"一河一策"治理方案，着力推进截污纳管、河湖库塘清淤、工业整治、农业农村面源治理、排放口整治和生态配水与修复等工程。

开化县委副书记余尧正介绍，为打赢剿劣战，该县实施农村、城镇小微水体清淤整治与山塘水库综合治理及美塘工程，去年共完成清淤河道 56 条、山塘 4 座、池塘 24 座、水库 1 座，清淤量 51 万立方米。据了解，衢州全市开展以"清千塘美百河"为主载体的河湖塘库清淤行动，把清淤工作延伸到农村池塘、沟渠等河流"毛细血管"，目前已完成清淤 310 万立方米。

污染在水里，根源在岸上。浙江各级河长为此把重点放在农业转变生产方式、工业转变发展方式、城乡居民转变生活方式上，集中力量推动"水岸同治"。作为浙江最大的淡水养殖县，德清在全国率先探索养殖尾水全域治理模式。在下渚湖街道上杨村大圩渔业养殖尾水治理点，调研组看到鱼塘的养殖尾水，通过沉淀池、过滤坝、曝气池、生物处理池、人工湿地等设施，从湿地排放出的养殖尾水达到地表水Ⅲ类以上标准。通过尾水治理，水产品品质大大提升，养殖户收益大幅提高，2017 年前三季度，全县实现渔业产值11.8 亿元，同比增长 21.7%，渔民人均可支配收入 24443 元，同比增长 10.6%。

在工业污水治理方面，湖州市扎实推进长兴粉体及喷水织机、德清小化工、安吉小竹业、吴兴小砂洗小印花、南浔小木业等"低小散"行业区域性污染整治，吴兴砂洗印花、长兴部分喷水织机实现搬迁入园、集聚发展。嘉兴市全面开展印染、制革、化工等高污染行业整治，实施工业企业污水全入网工程，全市 8800 多家企业实现全入网，依法关停淘汰"低小散"企业 2300多家、重点污染企业 270 多家。

在生活污水治理方面，安吉在全县实行农村垃圾分类，试行"垃圾不落地"，并对农家生活污水量身打造了动力、微动力、无动力处理模式和多介质土壤层、生态湿地、净化槽等多种处理技术。杭州西湖区在全省率先开展农村生活污水治理，累计投入 4 亿多元，实现 36 个行政村全覆盖，农户家庭产生的厨房废水、厕所污水、洗涤废水"三合一"，汇集到污水处理池进行无害化处理。

浙江各地已编制 11720 份"一河一策"治理方案、16000 余个小微水体"一点一策"方案，每条河流怎么治、什么时候治、治的效果怎么样一目了然。立军令状，签责任书，挂图作战，对标落实……在 57000 余名各级河长的聚力攻坚下，全省 6500 公里垃圾河、5100 公里"黑臭河"得到有效整治，河湖库塘清淤 2.4 亿立方米，唤回了清波碧水，寻回了水清岸绿。

强化协同协作，"河长制"变河长治

在安吉县水利视频指挥中心的老石坎水库监测屏上，几只水鸟正在悠闲凫水，漾起层层涟漪，镜头拉近，竟然是"鸟类中的大熊猫"——中华秋沙鸭。据安吉县委常委、宣传部长陈旭华介绍，水利系统的高清视频监测已与公安、交通部门联网，初步实现了跨系统视频资源共享，可全天候对水体实时监测。

水体流动不居，治水不能靠单打独斗，必须统筹上下游、左右岸，实行部门联防联控、区域系统共治。目前，浙江在深化落实河长制工作中，依托物联网、大数据、无人机、管道机器人等高科技，整合相关部门信息系统和数据资源，通过联席会议、联合执法、推广"河道警长"等，探索形成了跨部门、跨地域协调配合的治水工作机制。

调研中了解到，湖州、衢州、杭州等地不断强化水利、国土、环保、住建、公安、司法等部门监管联动，极大地增强了部门协同管水治水能力。比如，西湖区联合环保、城管、林水、国土、市场监管等部门成立河道环境联合执法队，各方执法力量各司其职、齐抓共管，切实消除了河道环境污染源头。开化县创新"多规合一"，解决了原来多个部门规划相互打架、相互掣肘等问题，为科学防治生产生活导致的污水进行前瞻性布局。同时，开化还在全国首创生态环境保护司法链条，联合各部门执法力量，在全省率先成立检察院生态环保检察科和环境资源巡回法庭，依法查处惩治各类破坏生态环境的违法犯罪行为。

河道上下游治管保责任往往分属不同的河长，在交叉地段容易推诿扯皮。为破解这一难题，湖州德清、南浔和嘉兴桐乡等周边地区探索交界区域水环境联防联治工作机制，建立联防联治平台，开展联合执法、交叉督察等。衢州江山市率先在全省推出"跨境河长制"，与江西、福建相关地区达成区域治水共识，设立跨境河长共计306名，边界所在的乡镇断面水质均达到Ⅲ类水以上。嘉兴秀洲与苏州吴江，建立了交界区域水环境联防联治联席工作机制，并设立联防联治办，目前秀洲与吴江交界的15条河道已经实现了"联合河长"全覆盖。

除"官方河长"外，浙江还有民间河长、护河队、护河志愿者、保洁员和观察员，他们都是水环境的守护者。衢州常山县成立"骑行河长联盟"，建有"骑行河长"队伍40支，参与群众超过2000人，骑行河长巡河轨迹遍布全县180个行政村，广泛传播"公益治水"理念。德清县有企业家河长、乡贤河长、巾帼河长等民间河长500多名，通过发挥其专业特长和资源优势，引导群众参与水环境治理。如今，在浙江，政府和社会各方力量共同治水的良好格局已经形成。

河长制的"浙江启示"

作为全国领跑河长制的地区之一，浙江初步形成了以河长制为核心的责任体系和治水长效机制，实现了水更秀、景更美、业更兴、民更富的目标。从"九龙治水"到"一拳发力"，浙江的探索和经验，对各地深入推进河长制具有重要启示意义。

推行河长制关键在于责任落实。长期以来，河流湖泊的生态保护，涉及水利、环保、发改、财政、国土、交通、住建、农业、卫生、林业等多个部门，而传统的河湖管理模式，"环保不下河、水利不上岸"，难以根治河道顽疾。山水林田湖是一个生命共同体，江河湖泊是流动的生命系统。解决河湖治理管护这个难题，必须实行"一把手"工程。河长制的核心是由党政主要领导负责属地河流生态环境管理，让每条河流都有负责人。但河长制能否发挥实效，关键在于防治责任的真正细化，以及责任主体的精确锁定。《浙江省河长制规定》厘清了河长与相关主管部门间的法定职责，明确了各级河长的职责划分，其中县级及以上河长着重牵头"治"，乡、村河长更加突出"管""保"。权责明晰，更要履责有力。各地应将党政主要领导负总责、部门协同治理的模式以法律形式固定下来，进一步完善河长制考核制度，制定更为严格的考核标准，采用更为科学的考核办法；加快河长制管理信息系统建设，建立河道信息档案，实时对河道治理管护进行监测、追踪；加大信息公开力度，包括河长信息和河道整治信息，接受社会公众的监督。

治水护水要打好"人民战争"。治水是一项涉及面广、影响全局的系统工程，单靠河长和各部门不能解决所有的问题，需要调动全社会的力量，尤其是全民的力量，只有相信群众、依靠群众，鼓励引导民间河长、企业和社会团体等共同参与治水，才能啃下治水的"硬骨头"。目前，浙江坚持"党政河长+民间河长"，以官方河长、警长为治水主体，带领民间河长、公众等力量，初步建成一个主体、多个层面参与的社会治理协同创新模式，全省有10多万民间河长志愿参与河湖治理管护活动。社会共治共享作为汇聚治水合力、创新治水改革的重要途径，已经成为浙江河湖长效管理、巩固治水成效的重要举措。各地应加强宣传教育引导力度，拓宽参与渠道，扩大河长制的群众基础，推动形成政府、企业、公众、媒体、民间组织等各种力量共同参与，真正形成全社会治水的良好氛围。

践行"绿水青山就是金山银山"重要发展理念。治水的出发点和落脚点是造就美丽环境，积蓄永续发展的动能，满足人民群众对美好生活的需要。浙江按照"安全、生态、美丽、富民"的理念，通过生态环保转移支付、重点生态功能区示范区建设、生态环境财政奖惩等方式，大力推进水岸同治和中小流域综合治理，倒逼产业转型，迎来腾笼换鸟、凤凰涅槃，生态环境优势正转化为生态农业、生态工业、生态旅游等生态经济优势，开化百里金溪旅游区、浦江水晶产业集聚区等已成为富民带、产业带。从过去的资源小省，变成绿色资源大省，浙江用实践印证了"绿水青山就是金山银山"的发展理念，美丽经济正成为浙江的新名片。

资料来源：光明日报调研组：《浙江探索实行河长制调查》2018 年 2 月 2 日，第 07 版。

 经验借鉴

①河长制是对整治水资源的一个有效方式。长兴在全国率先对城区河流试行河长制，对水系开展清淤、保洁等整治行动，水污染治理效果非常明显。②治水要落到实处。浙江"五级联动"体系，让河长主体责任落到实处。浙江不断建立健全相关政策法规，推动河长制向纵深发展，为规范河长行为和职责提供了重要依据。③"一河一策"治理方案。针对水环境治理、水污染防治、水生态恢复等突出问题，浙江省实施"一河一策"治理，着力推进截污纳管、河湖库塘清淤、工业整治、农业农村面源治理、排放口整治和生态配水与修复等工程。④治水要强化协同协作。浙江依托高科技，整合相关部门信息系统和数据资源，探索形成了跨部门、跨地域协调配合的治水工作机制。极大地增强了部门协同管水治水能力。⑤推行河长制关键在于责任落实。解决河湖治理管护这个难题，必须实行"一把手"工程河长制能否发挥实效，关键在于防治责任的真正细化，以及责任主体的精确锁定。各地应将模式以法律形式固定下来，进一步完善河长制考核制度，制定更为严格的考核标准，采用更为科学的考核办法；加快河长制管理信息系统建设，建立河道信息档案，实时对河道治理管护进行监测、追踪；加大信息公开力度，包括河长信息和河道整治信息，接受社会公众的监督。⑥治水护水要打好"人民战争"。治水是一项涉及面广、影响全局的系统工程，需要调动全社会的力量，尤其是全民的力量。各地应加强宣传教育引导力度，拓宽参与渠道，扩大河长制的群众基础，推动各种力量共同参与，形成全社会治水的良好氛围。⑦治水必须践行"绿水青山就是金山银山"重要发展理念。治水的出发点和落脚点是造就美丽环境，积蓄永续发展的动能，满足人民群众对美好生活的需要。

本篇启发思考题

1. 如何理解治水的辩证思维？

2. 缺水地区如何处理调水和节水的关系？

3. 如何理解"绿水青山就是金山银山，碧水就是生财之水"？

4. 治水兴水与治国理政的内在关系是什么？

5. 通过丽水市治水案例，如何理解治水就是惠民生？

6. 丽水治水的全域共治，体现在哪些方面？

7. 推行河长制的关键是什么？

8. 浙江省各个城市是如何实施"一河一策"治理方案的？

9. 为什么说治水护水是场"人民战争"？

10. 浙江省的"河长制"与我国一直采用"多龙治水"模式有何不同？

11. 治水何以倒逼浙江经济转型升级？

第二篇

政策推行与制度保障

一、浙江规范细化河（湖）长设置要求

案例梗概

1. 进一步规范细化河（湖）长设置要求，建立规范化的河（湖）长体系。
2. 推动河（湖）长网格化和全覆盖。
3. 河（湖）长设置逐渐走向法制化的道路。

关键词： 河长，湖长，全覆盖，网格化，法制化

案例全文

省长、村长，都是河长。自2013年底在全国率先在全省层面实施河长制以来，浙江省已基本形成省、市、县、镇（乡）、村五级河长全覆盖，5.7万余名河长联手共护一方清水。

为进一步细化明确河长、湖长设置要求，建立规范的河（湖）长体系，浙江省制定出台了《浙江省河（湖）长设置规则（试行）》（以下简称《规则》），加快推进全省河（湖）长制法制化、标准化、信息化的步伐。

明确体系框架，规范河（湖）长设置。《规则》首先明确了河（湖）长体系的总体框架，就是要秉承"横向到边、纵向到底"的宗旨，在全省搭建完善省、市、县、乡、村五级河长体系，并将湖长体系纳入其中统一管理，包括全省所有湖泊、水库，名称统一为"湖长"。

另外，要按照"党政同责"的原则，全省各级党委和政府主要负责同志均要担任总河长，即双总河长，并由同级党委、人大、政府、政协负责同志担任乡镇级及以上河（湖）长，由村级负责同志担任村级河长，由所在河流的河长担任湖泊（水库）湖长。其中，湖泊（水库）湖长也可单独设置，而且各级总河长对本行政区湖库管理保护要负总责。

河（湖）长体系的总体框架定了，对于河长、湖长具体如何设置，《规则》指出，跨设区市的钱塘江、瓯江、苕溪、运河、曹娥江、飞云江6条河道干流最高层级河长由省级负责同志担任。千岛湖（新安江水库）和仙霞湖（湖南镇水库）最高层级湖长由钱塘江省级河长担任。太湖（浙江省境内）最高层级湖长由苕溪省级河长担任。

除了这6条河和3个湖泊（水库）之外，设区市负责同志原则上要担任本地其他省级河道、市级河道和河道治理问题特别突出、功能特别重要、跨县（市、区）行政区域县级河道的最高层级河长，以及本地跨省其他湖泊（水库）、跨县级行政区域重点湖泊（水库）和设区市域内水面面积1平方公里及以上湖泊、大型水库、市直管湖泊（水库）的最高层级湖长。

县（市、区）负责同志原则上要担任本地不跨县（市、区）县级河道和河道治理问题特别突出、功能特别重要、跨乡镇行政区域河道的最高层级河长，以及本地跨县级行政区域其他湖泊（水库）、跨乡镇湖泊（水库）和县域内水面面积0.5平方公里及以上湖泊、中型水库、县直管湖泊（水库）的最高层级湖长。

乡镇（街道）负责同志原则上要担任本地河道治理问题特别突出、功能特别重要和跨行政村河道的最高层级河长，以及本地其他湖泊（水库）的最高层级湖长。

推动河（湖）长网格化、全覆盖。除了规定最高层级河（湖）长的设置规范，《规则》还进一步说明，要在最高层级河（湖）长确定后，根据河道所流经行政区域和湖泊（水库）所在行政区域，分级、分段、分区设立各级河长、湖长，直至村级，并且农村小河道也可以村为单位设立片区河长，切实形成河（湖）长的网格化、全覆盖。

就河（湖）长设置后的公布和调整，《规则》强调，各相关部门和各地政府要向社会公布各级河（湖）长名单，同时在水域沿岸显要位置设立河（湖）长公示牌。其中，乡镇级以上河（湖）长必须在当地政府网站或其他公众媒体上予以公布。如发生河（湖）长人事变动，相关部门和属地政府应在 7 个工作日内完成新老河（湖）长的工作交接，并及时更新媒体、信息化管理平台和公示牌上的信息。

资料来源：朱智翔、晏利扬：《浙江规范细化河湖长设置——各级党委和政府主要负责人均同时担任总河长》2018 年 5 月 1 日，第 02 版。

 经验借鉴

浙江省已基本实现省、市、县、镇、村五级河长全面覆盖，为了进一步明确河长、湖长的设置要求以及规范河长、湖长体系，出台了相应的法规，从而使浙江省的河长、湖长制走向法制化、标准化。其经验如下：①明确河（湖）长体系的总体框架。以"横向到边、纵向到底"为宗旨，在全省搭建和完善五级河长体系，并将湖长体系纳入其中进行统一管理。②制定"党政同责"的原则，同时要求党和政府各级总河长对各自行政区的河湖管理保护负总责。③规范河（湖）长的设置，明确规定不同等级的省、市、县、乡负责同志所要承担的河长职位。④推动河（湖）长网格化、全覆盖。根据河道所流经行政区域和湖泊（水库）所在行政区域，分级、分段、分区设立各级河长、湖长，直至村级，并且农村小河道也可以村为单位设立片区河长，从而能够实现河（湖）长网格化、全覆盖。⑤向社会公布各级河（湖）长名单，同时在水域沿岸显要位置设立河（湖）长公示牌。此外，乡镇级以上河（湖）长必须在当地政府网站或其他公众媒体予以公布，以此保障公众对河长制设立情况的知情权。通过规范河长、湖长及河长、湖长体系的设置，使得浙江省的河（湖）长制进一步走向法制化和规范化。

二、治水不力区委书记公开自我问责

案例梗概

1. 徐淼因治水不力公开自我问责，并公开自我检讨、自扣奖金。
2. 黄岩区委、区政府深刻分析水质反弹原因。
3. 针对治水问题，黄岩区制订了相应的系统性整改计划。

关键词： 自我问责，治水整改，责任落实

　案例全文

2018 年 4 月，浙江省台州市黄岩区利用周末时间召开全区治水再推进大会，台州市委常委、黄岩区委书记徐淼主动亮"家丑"，承担起全区部分河道水质污染反弹、治水工作不力的责任，并公开自我检讨、自我追责、自扣奖金。

据了解，经过 2017 年的治水攻坚，黄岩区全面消除了劣 V 类水质断面。但受截污纳管不到位、污水处理能力不足等问题的影响，黄岩治水防反弹的压力依然很大。省治水办（河长办）通报显示，2018 年 2 月，黄岩区江口省控断面水质反弹为劣 V 类，主要原因为氨氮、总磷等污染物超标。

为此，黄岩区委、区政府对第一季度的水环境治理工作做了总结，深刻分析了水质反弹原因：有些干部担当不足，部分河长履职不到位，相关部门职责落实不到位；污染源整治不到位，有些排污口只进行了简单的封堵，部分乡镇、街道生产、施肥、洗涤废水仍存在乱排放现象；治水基础仍然薄弱，污水处理能力不足，雨污串管现象严重，农村生活污水截污质量不高。

针对这些治水问题，黄岩区已制订了相应的系统性整改计划，包括围绕"污水零直排区"建设，积极开展规划编制，加快区内污水处理厂及其污水管网等治水工程建设进度；通过肥药双控、测土配方等措施，完善全区农业面源污染整治工作；对母亲河永宁江流域开展专项整治。另外，在强化长效机制方面，黄岩区还将严格落实"河长制"，精准聚焦治水短板，层层压实治水责任，对因失职渎职导致水质严重反弹或重大事故的河长，严厉追究责任。

治水再推进大会的高规格，整改措施的高标准，再加上区委书记公开的自我问责，让黄岩区干部、群众深受触动。黄岩区环境整治办副主任杨天雄会后立即赶回办公室，连夜与同事讨论治水方案；次日一早又召开会议落实责任，全力推进治水工作。黄岩区头陀镇农办主任赵东华在会议次日一早便赶到茭白基地，和其他 8 名打捞员一起打捞基地边溪流中漂浮着的茭白叶，防止当下茭白采收旺季，茭白叶给水体造成污染。

资料来源： 施力维、陈久忍、朱智翔、晏利扬：《"我第一个挑这个责任"——台州黄岩区委书记因治水不力公开自我问责》2018 年 4 月 20 日，第 01 版。

经验借鉴

　　浙江省台州市黄岩区召开全区治水再推进大会，其中台州市委常委、黄岩区委书记徐淼，因治水不力，公开自我问责。从本案例中可以概括出以下经验：①治污主要负责人要勇于承担责任，当治水工程有所停滞或者反弹时，要迅速分析其中原因，并以身作则，带头整改治污过程中出现的一系列问题。②制订系统性的整改计划，以"污水零直排区"建设为中心，积极开展规划编制，加快区内污水处理厂及其污水管网等治水工程建设进度，加强污水处理能力，缓解雨污串管现象。③加快农业面源污染治理，通过肥药双控、测土配方等措施，完善全区农业面源污染整治工作，从而减少施肥废水乱排放的状况。④对母亲河永宁江流域开展专项整治，以"人水和谐"为主线，把水体调活，将生态建设作为水环境改善的创新举措。⑤严格落实"河长制"，严肃追究治水责任，特别是因失职渎职导致水质严重反弹或重大事故的河长。此外，还要落实相关个人以及部门的职责，排除他们"搭便车"的可能性。针对这些治水问题，黄岩区已制订了相应的系统性整改计划，让黄岩区干部群众以及民众相信水环境会越来越好。

三、桐庐县分阶分级管理河道，每半年对水质评估一次

 案例梗概

1. 桐庐建立起配套巡查和管理机制，实施分阶分级规范化管理。
2. 桐庐定期对水质进行抽测评估。
3. 桐庐建立起分类考核机制，调动相关人员积极性。

关键词：分阶分级，水质评估，巡查管理，分类考核

案例全文

"2017年以来，我们全面开展河道基本信息调研工作，对桐庐县83条河道编写'河道志'，内容包括河道历史、位置、流域、长度等，建立'一河一档''一河一志'。"浙江省桐庐县治水办专职副主任李雪勇介绍道。

根据排水口数量、人类活动情况、水质波动程度等特点，将全县83条河道分为Ⅰ阶、Ⅱ阶、Ⅲ阶进行管理，分别用红色、黄色、蓝色3色星表示，分阶分级进行管理。"桐庐县河长办方文剑介绍，分级管理让因河施策更有针对性，也提了了成效。其中Ⅰ阶河道属于敏感性河道，包括两条省级河道富春江和分水江、2017年水质重点提升河道和水质易反弹至Ⅲ类的河道，列入重点管控范围；Ⅱ阶河道属于经过人口聚集区或经过集镇河道，列入重点巡查范围；Ⅲ阶河道属于长期保持在Ⅰ类水质河道和山涧溪流，属于一般管控河道。

"河道分阶分级不是一成不变的，每半年我们会对全县所有河道水质进行一次评估，对河道平均水质情况等进行分析，及时调整河道分阶，实施动态、灵活分级；每年会对河道整体情况进行归纳总结，将新的河道情况列入一河一策及河道水环境治理计划中。目前，全县Ⅰ阶河道18条、Ⅱ阶河道50条、Ⅲ阶河道15条。"桐庐县治水办相关负责人介绍。

根据河道分阶情况，桐庐县还建立起配套巡查和管理机制，实施分阶分级规范化管理。县治水办相关负责人介绍，对Ⅰ阶河道，实施"三优先、三重点"，即优先落实资金、人员、设备，重点开展巡查、监管、考评。在各级河长巡河的基础上，每月由县治水办组织乡镇（街道）进行联合巡查，每月除固定采样点位，增加重点区块采样，同时安装自动在线监控设备，实施24小时管控。对于Ⅱ阶河道，在各级河长巡河的基础上，增加了保洁员巡河，在河道管理范围内保质保量完成清洁工作，水质抽样不少于每月一次。对于Ⅲ阶河道，确保各级河长巡河频次不低于省市要求，水质抽样保证每月一次。

为充分调动各类人员积极性，桐庐县根据各阶河长、县镇村负责人、巡河保洁员等工作性质，建立分类考核机制，通过倒逼考核、激励先进举措，促进长效管理。

"对河长及县镇村巡河干部，将河道管理工作纳入其实绩考核、'三提一争'、季察年考的重要内容，通过4张表格，根据项目推进不到位、整改不及时等的程度，依次对领导干部进行约谈、告诫、通报批评。"相关负责人表示，同时对巡河保洁员实施"保洁之星+绩效奖"考核模式，即根据河道水质、卫生情况，每双月开展一次河道保洁之星评比，选出 10 名最优保洁员，并发放大红花，全额发放绩效奖金。对河道被媒体曝光、被通报举报的河道，经桐庐县治水办查实后扣罚保洁员绩效奖金。

资料来源：周兆木、任丹萍：《分阶分级管理河道，每半年对水质评估一次桐庐为 83 条河道编写河道志》2018 年 2 月 12 日，第 06 版。

 经验借鉴

　　浙江省桐庐县对 83 条河道编写《河道志》，将全县 83 条河道进行分阶分级管理，并且每半年对所有河道水质进行一次评估。桐庐县的一系列创新举措旨在助力桐庐县治水剿劣工作，从而创造良好的水环境。其河道治理经验如下：①对河道基本信息全面开展调研工作，为河道编写河道志，内容包括历史、位置等。②以沿线企业数量、人类活动情况、水质波动程度等特点为依据，将河道进行分阶分级管理，再分别用特殊的符号进行标示，从而方便针对河道各自的情况出谋划策。③每隔一段时间对河道水质重新进行一次评估，对其水质情况进行分析，从而实现及时、灵活地调整河道分阶分级。每年归纳总结新的河道整体情况，并将其纳入河道水环境治理计划中。④建立配套巡查和管理机制，实施分阶分级规范化管理。例如，桐庐县对Ⅰ阶河道，实施"三优先、三重点"，每月除固定采样点位，增加重点区块采样，还实施 24 小时管控。⑤根据各阶河长、县镇河负责人等工作性质，建立分类考核机制，加强相关人员的主观能动性，以及调动他们的积极性，进而促进长效管理。对项目推进不到位、整改不及时的领导干部进行惩罚以及通报批评；相反，对超额完成工作的领导干部进行奖赏以及通报表扬。

四、成立浙江河长学院　打造河长教育界"黄埔军校"

案例梗概

1. 治水持续深入，浙江河长学院应运而生。
2. 了解浙江河长学院三大功能定位，明确办学特色。
3. 明确浙江河长学院四个发展方向，铺就未来之路。

关键词：浙江河长学院，河长制，办学特色，未来发展，立足实际

 案例全文

2017 年 12 月 28 日，全国首个河长学院——浙江河长学院揭牌成立。从此，浙江 6.1 万余名河长有了专业学府，浙江河长学院未来还将辐射全国，助推河长制深入长远发展。

自 2013 年底在全国率先于省级层面实施河长制以来，浙江省相继出台了《关于全面实施"河长制"进一步加强水环境治理工作的意见》《浙江省河长巡查工作细则》等多个省级规章制度和全国第一部河长制地方性法规《浙江省河长制规定》，基本形成了省、市、县、镇（乡）、村五级 6.1 万余名河长联手共护一江清水的局面。

但是，随着法律法规和工作体系的不断完善，众多河长的非专业背景与水资源保护、水环境治理、河湖岸线管控等系统工程之间的矛盾越来越突出。宁波市鄞州区姜山镇联村干部、二级河长周德龙表示，《浙江省河长制规定》赋予了河长监督、协调两大权利，让其促使政府及相关主管部门共同承担起治理和保护的责任。然而有些河长不了解法规政策，不知道如何操作，所以遇到企业偷排的问题，往往跟以前一样，凭一腔热情跟企业联系，企业不搭理也没办法，管理起来有心无力。

"这就需要对河长制许多新的政策方针、法律法规进行及时的传达和学

习。"浙江省治水办（河长办）副主任、省环保厅副厅长王以淼说，浙江河长学院正是这样一个平台，不仅可以进行法律法规学习和政策精神的传达，而且可以推广普及相关知识技术，研究河长制建设推广过程中的各种问题，交流有益经验，提升河长制建设的层次和水平。

国家对河长制的深入推进，浙江的先发优势，学校的办学特色……逐步触发了浙江水利水电学院校长叶舟"成立河长学院"的想法。经过多轮调研和研讨，2017 年 7 月，浙江河长学院建设方案制定完成。方案明确在办学功能定位上，要立足当前，着眼长远，致力于探索河长制教育培训新途径、河长制科学研究新课题。通过培训和科研工作的开展，把浙江省河长制的成功经验与现代化治水的实践结合起来，努力把浙江河长学院办成服务于全国河长制工作的重要基地。

了解三大功能定位，明确办学特色。"河长学院的三大功能定位就是立足绿色发展，立足浙江治水，立足教育服务。"王以淼表示，立足绿色发展，就是要体现新时代治水精神下的实践探索，为全面贯彻落实"绿水青山就是金山银山"的发展理念提供新的尝试；立足浙江治水，就是要汇聚各方的先进经验和实用技术，为全省河长制的进一步推进提供有力的支撑；立足教育服务，则要开拓出一种集授课、研讨、实践为一体的办学模式。

下一步，浙江河长学院专题教研组前往全省各地调研，充分吸收基层河长和河长制机构的意见建议，并结合专家的思路和想法，制定出完善的教学计划，优选课程，创新形式，力争把浙江河长学院打造成浙江乃至全国河长的"黄埔军校"。不久的将来，无论是河长，还是治水工作人员，抑或是一名即将成为河长的普通民众，都可以申请到浙江河长学院来汲取知识，交流经验。

明确四个发展方向，铺就未来之路。推行河长制的关键是河长要担起职责，把水治好。"浙江省很多河长特别是基层河长，在担任河长前都不了解河长制，不了解治水的基本知识，希望全省每位河长特别是新上任的河长，都能来这里听听课。"王以淼说，河长学院要结合国家全面推行河长制的有关制度文件，做好政策解读；要结合治水的常用技术要点，做好知识普及；要结合各地推行河长制的典型做法，做好培训指导；要通过各种形式，大力宣传和推广河长制的"浙江模式""浙江经验""浙江智慧"，成为服务于全省河长的新基地。而这，正是浙江河长学院未来发展的四个方向之一。

浙江河长学院将成为助力全省治水事业发展的新智库，为浙江的河长制工作提供更多的新方案、新设想、新思路。浙江河长学院通过收集和整理各地河长的需求、各地的情况，为出现的各类水问题提供技术指导，为浙江省河长制更好地保障与促进治水提供对策建议，成为各地打造河长制升级版的新助力。

此外，浙江河长学院将通过不定期举办研讨会，邀请一线治水工作人员和专家，发挥集体智慧，会诊存在问题，加深各领域的合作，成为汇聚社会各界治水智慧的新平台。浙江河长学院还将收集社会各界对在"绿水青山就是金山银山"发展理念指导下进一步推进河长制的建议意见，为推进河长制工作提供更多的真知灼见，为河长履职和水环境的进一步改善出力。河长学院立足浙江实际，满足河长需要，受到广大河长和河长制机构工作人员的欢迎。

今后，河长应具备哪些知识？河长该如何更好地履职？河长制建设推广过程中的各种问题该如何解决？如何才能更好地提升河长制建设的层次和水平？这些问题都能在浙江河长学院的未来发展中找到答案。

资料来源：朱智翔、晏利扬：《国首家河长学院成立，致力于打造河长教育界"黄埔军校"浙江6万河长有了专业学府》2018年1月18日，第07版。

 经验借鉴

随着浙江和全国治水工作的持续深入，浙江河长学院应运而生。未来，河长学院将辐射到全国范围，为当前各级河长以及有意成为河长的人员提供学习专业知识的机会。总体来说，浙江河长学院发展的主要经验有如下几条：①在全国各地推广河长学院。将关于河长制新的政策方针、法律法规及时地进行传达和学习，缓解随着法律法规和政策的不断完善，河长的非专业背景与水环境保护治理之间的矛盾不断加深的局面，提升河长制建设的水平。②探寻河长制教育培训新方式与途径。立足当下，着眼长远，将河长制的成功经验与现代化治水的实践相结合。③河长学院办学特色鲜明。浙江河长学院以立足绿色发展、浙江治水、教育服务为三大功能定位。④优化和创新课程的形式和内容。立足实际，前往各地调研，将基层河长、河长制机构的意见建议和专业的思路、想法相结合。⑤做好政策解读、知识普及与培训指导。河长学院要结合国家全面推进河长制的相关制度文件，结合治水中常用的技术特点，还需结合各地推行河长制的典型做法，并总结各自地方河长制的模式以及经验。⑥河长学院收集和整理各地情况及各地河长的相关需求，提出相应对策建议。此外，还针对治水过程中出现的难题提供技术性指导。⑦河长学院不定期举办研讨会。通过各种研讨会，汇聚治水专家和一线人员的集体智慧，加强交流与合作，为河长制建设和水环境改善献计献策。浙江河长学院计划的实施，受到河长们的欢迎和支持。例如，河长该如何更好地履职、如何才能更好地提升河长制建设的层次和水平等问题，将在未来得到解决。

五、浙江出台全国首个河长制专项法规
合民心之举　当坚持深化之

 案例梗概

1. 以立法的形式，固化了先进经验，明确了河长担当。
2. 为各级河长履职提供了法制保障，成为全国首个专门规范河长制内容的地方性法规。
3. 进一步在法律层面厘清了各级河长的职责，让河长履职责权相当、有法可依。

关键词：立法，河长，权责相当

 案例全文

"实施河长制应当按照政府统一领导、部门依法监管、河长监督协调、公众积极参与的原则，建立健全综合治水长效机制。"2017年8月，浙江省人大常委会审议通过了《浙江省河长制规定》（以下简称《规定》），以立法的形式，固化了先进经验，明确了河长担当，并为各级河长履职提供了法制保障。该法规成为全国首个专门规范河长制内容的地方性法规。

多年经验通过立法固化。浙江是最早开展河长制的试点省份之一。从2008年开始，浙江推进河长制的脚步就从未停歇。2008年，浙江在湖州长兴开展河长制试点，随后于嘉兴、温州、金华、绍兴等地陆续推行；2013年，浙江省委、省政府出台《关于全面实施"河长制"进一步加强水环境治理工作的意见》，并发出了"五水共治"总动员令；2014年，按照"横向到边、纵向到底"的要求，建立了省、市、县、乡、村五级河长体系，同时层层设立河长制办公室，抽调近20个相关部门人员，集中办公、实体化运作；2015年，召开全省河长制工作电视电话会议，省委、省政府主要领导部署推进河长制工作。

2016年，中央发布全面推行河长制的意见后，浙江省人大法制工作委员会、省治水办（河长办）走访全省多地，对河长制实施情况进行深入调研，征集各级党委、政府、人大代表、各级河长的意见建议，形成立法草案，继续开拓创新，建立健全河长制；2017年，省十四次党代会提出要"高标准推进'五水共治'，坚持和深化河长制"。至此，浙江约40000条河流及湖泊共设立了61000多名"河长"，其中6名省级河长、260名市级河长、2772名县级河长、19358名乡镇级河长、42120名村级河长。

"《规定》的出台，是对浙江近年来河长制先进经验的固化，同时也为规范河长工作行为和职责提供了重要依据。"《规定》立法调研小组成员、浙江省治水办（河长办）宣传组相关成员表示，《规定》既秉承了中央关于全面推行河长制的意见精神，又彰显出浙江在生态文明建设和河湖管治上的地方特色，与"坚持和深化"的要求相符。《规定》明确了河长制是指在相应水域设立河长，由河长对其责任水域的治理、保护予以监督和协调，督促或者建议政府及相关主管部门履行法律责任解决责任水域存在问题的体制和机制，并指出河长负责的水域，除了江河、湖泊、水库，也涵盖沟渠、水塘等小微水体。

在河长体系设置上，《规定》还固化了省级、市级、县级、乡级、村级五级河长体系。其中，明确跨设区市的重点水域由省级河长担当。各水域所在设区的市、县（市、区）、乡镇（街道）、村（居）分级分段设立市级、县级、乡级、村级河长。其中，省级河长主要管流域，负责协调和督促解决责任水域治理和保护的重大问题。市、县级河长主要负责协调和督促相关主管部门制定和实施责任水域治理和保护方案。乡、村两级河长协调和督促水域治理和保护具体任务的落实，做好日常巡河工作。

日常监督，有了约谈利器。俗话说："撼山易，治水难。"虽然河长制较早在浙江推开，但新生事物也并非一帆风顺。宁波市鄞州区姜山镇河流众多、水道纵横，联村干部周德龙是镇上的二级河长，他自嘲说，自己这个河长好比"光杆司令"，做事全凭一腔热情，遇到问题偶尔也会有心无力，比如一些企业偷排，企业不是村里的，自己一个村书记，去跟企业老板说，企业老板可能理都不理的，可能进门都进不去。类似"周德龙"的困惑，在河长制实施过程中反映较为突出。究其原因，主要是因为水资源保护、水环境治理、河湖岸线管控是复杂的系统工程，仅靠河长个人很难完成综合治理的任务。河长要通过监督、协调两大手段，让政府及相关主管部门共同承担起治理和保护的责任。然而缺乏长效的制度保障，不少河长在实际履职过程中，承担的责任大，可行使的权力小。

随着河长制法规的出台，强化了河长的职责定位，将河长的职能通过立法坐实。浙江省人大常委会法制工作委员会经济法规处相关负责人表示，"周德龙"们的困惑将得到有效解决。"河长可以通过巡查帮助政府部门发现日常监督当中有哪些事项没有做到位，可以提出一些监督检查的建议，甚至对日常有没有履行监督检查的职责做一些认定和分析，对日常监督检查的重点事项提出相应要求。"

另外，《规定》明确，县级以上人民政府相关主管部门未按河长的督促期限履行处理或者查处职责，同级河长可以约谈该部门负责人，也可以提请本级人民政府约谈该部门负责人。

此外，对于县级以上人民政府相关主管部门、河长制工作机构以及乡镇人民政府、街道办事处未按河长的监督检查要求履行日常监督检查职责；未按河长的督促期限履行处理或者查处职责的；未落实约谈提出的整改措施和整改要求的；接到河长的报告并属于其法定职责范围，未依法履行处理或查处职责的；未按规定将处理结果反馈报告的河长的；其他违反河长制相关规定的行为，有以上行为之一的，对其直接负责的主管人员和其他直接负责人员给予通报批评，造成严重后果的，根据情节轻重，依法予以相应处分。

这一套约谈考核制度为河长履职、督促解决问题，提供了有力的法律武器。除了约谈制度，为进一步保障河长履职，《规定》还要求县级以上人民政府要设立负责河长制工作的机构（河长办）。河长办按照规定受理河长对责任水域存在问题或者相关违法行为的报告，督促本级人民政府相关主管部门处理或查处。怠于履职，将被严厉问责。水环境整治涉及领域众多，河长制的出现，把地方党政领导推到了第一责任人的位置，最大限度整合各级党委政府的执行力，弥补了早先"多头治水"的不足，进一步突出了守水有责的"责"字，是一项得民心的创新之举。

河长制法规的出台，进一步在法律层面厘清了各级河长的职责，让河长履职责权相当、有法可依。按照《规定》，乡、村级和市、县级河长应当按照国家和省规定的巡查周期和巡查事项对责任水域开展定期巡查，同时要如实记载巡查情况和公民、法人、其他组织的投诉举报，并按规定程序进行协调、督促和报告。其中，市、县级河长还应根据巡查情况，检查责任水域管理机制、工作制度的建立和实施情况，协调和督促相关主管部门制定责任水域治理和保护方案；村级河长还要与镇人民政府、街道办事处签订协议书，明确村级河长的职责、经费保障以及不履行职责应当承担的责任等事项。当然河长的压力也不小。《规定》进一步明确将对河长履职行为进行考核，列出了河长怠于履职的法律责任：乡级以上河长未按规定的巡查周期或者巡查事项进行巡查的；对巡查发现的问题未按规定及时处理的；未如实记录和登记公民、法人或者其他组织对相关违法行为的投诉举报，或者未按规定及时处理投诉、举报的；其他怠慢履行河长职责的行为，有以上行为之一的，给予通报批评，造成严重后果的，根据情节轻重，依法予以相应处分。

此外，《规定》还表明今后河长制的考核，将主要采用信息化的方式。依托河长制信息管理系统检查河长履职情况，这样既增加考核的公平性，又能实现河长间的数据共享，助力治水工作。同时，有惩也有奖，根据考核结果，河长履职成绩突出、成效明显的，给予表彰，村级河长还可以给予奖励。

资料来源：朱智翔、晏利扬：《浙江出台全国首个河长制专项法规合民心之举，当坚持深化之》2017 年 8 月 11 日，第 08 版。

 经验借鉴

2017 年 8 月，浙江出台了全国首个河长制专项法规——《浙江省河长制规定》，其经验如下：①以立法的形式，固化了先进经验，明确了河长担当，并为各级河长履职提供了法制保障。并发出了"五水共治"总动员令，同时层层设立河长制办公室，集中办公、实体化运作。②规范河长工作行为和职责设立依据。由河长对其责任水域的治理、保护予以监督和协调，督促或者建议政府及相关主管部门履行法律责任，解决责任水域存在问题的体制和机制，并指出河长负责的水域（除了小微水体）。其中，省级河长主要管流域，负责协调和督促解决责任水域治理和保护的重大问题。③明确河长的监督、协调两大手段，让政府及相关主管部门共同承担起治理和保护的责任。河长可以通过巡查，帮助政府部门发现问题，如日常监督当中哪些事项没有做到位；可以提出监督检查的建议，或对日常有没有履行监督检查的职责做出认定和分析，并对重点事项提出相应要求。河长办按照规定，受理河长对责任水域存在问题或者相关违法行为的报告，督促本级人民政府相关主管部门处理或查处，进一步保障河长履职。④河长制使河长的职责落到实处。河长制把地方党政领导推到了第一责任人的位置，最大限度整合各级党委政府的执行力，弥补了早先"多头治水"的不足，进一步突出了责任制。⑤采用信息化的方式对河长履职行为进行考核，列出了河长怠于履职的法律责任。依托河长制信息管理系统检查河长履职情况，这样既增加考核的公平性，又能实现河长间的数据共享，助力治水工作。根据考核结果，河长履职成绩突出、成效明显的，给予表彰，村级河长还可以给予奖励。

六、温州市独创"三长共治"责任新体系

案例梗概

1. 温州市经过多年对河长制的探索，独创"三长共治"责任新体系。
2. 温州积极构建责任明确、协调有序、监管严格、保护有力的河道长效管理机制。
3. 从"河长制"到"河长治"。
4. 温州市走向"全民治水"的道路。

关键词："三长共治"，长效管理，全民治水

案例全文

温州市经过多年"河长制"的探索，从无到有、完善提升、大胆创新，积极构建责任明确、协调有序、监管严格、保护有力的河道长效管理机制。温州八千余名河长"拧成一股绳"，把"五水共治"推向深入。

从"民间河长"到四级河长。一顶鸭舌帽，一辆永久牌自行车，一台照

相机，从 2009 年瓯海区对瞿溪河实施河长制试点，被聘任为"民间河长"以来，潘胜忠每天都会戴好袖章，绕着瞿溪河慢慢骑行近 20 公里，捡垃圾、查排污、做记录。"过去需要劝阻村民不要向河里乱丢垃圾，现在一些家住河边的居民会主动反映情况。"潘胜忠记下的内容越来越少，脸上的笑容越来越多。

温州的河长制经历了"点上开花"到如今的全市河流"无缝覆盖"。2010 年，瓯海区娄桥街道启动河长制，由各级党政负责人担任河长，温州河长制初具雏形。2013 年初，针对主要用于解决此前信息未公开，河道污染市民投诉无门的问题，原温州市环保局率先在全市 600 多条黑臭河、垃圾河岸边设立"河长公示牌"，明确河道责任人。2014 年 2 月，温州在 14465 条河道上全面推行河长制，由包括 36 名市四套班子领导在内的 8751 名各级党政干部担任河长，实现市、县、镇、村四级河长全覆盖，形成河河有长。在此基础上，温州市全面规范河长公示牌、强化河长巡查记录、建立河长微信、QQ联络群和严格对河长进行考核等，强化河长履职，切实发挥河长治河作用。同时，温州市推进联动治河，由属地公安部门负责人担任"河道警长"，各级挂钩联系单位负责人担任"督察长"，形成温州独创的"三长共治"的责任新体系，被央视作为全国治水先进典型进行报道。

通过强化一线监督，以责任到人推动河道水环境长效管理，几年来，温州市 8000 余河长身体力行，打响全民治水仗。截至 2015 年底，已基本消除市域范围内 666 公里垃圾河、627 公里黑臭河，迈向"清三河"长效"管、保"。鳌江是浙江省八大流域之一，水质曾经污染最严重，其干流江屿、江口渡等控制断面水质处于劣 V 类。根据 2016 年最新水质监测数据分析，鳌江水质总体评价由 2013 年的中度污染提升到目前的良好，干流全面消除劣 V 类断面，其中江屿、方岩渡断面水质也分别有提升。

鳌江水质根本转变，四级河长制功不可没。为破解跨区域治水难题，温州市还创新性地在平阳、苍南两地成立鳌江流域污染整治协调委员会。鳌江流域共有横阳支江、萧江塘河等各类河道 15 条，市委常委担任市级河长，市生态环境局为督察长单位。共有包括平阳县委书记、苍南县委书记在内的县级河长 10 人、镇级河长 22 人、村级河长 138 人，此外还配备了县、镇级督察长和警长 80 余人。鳌江流域"治水河长团"分工明确，市级河长类似一个"监护人"，负责协调跨县河道治理问题，县级河长负责协调跨镇街的事务，镇级河长一般 7~10 天巡河一次，村级河长基本上天天巡河，日常发现任何问题，通过手机拍照、上报微信群，需要上级河长协调的，马上有人响应，需要其他部门配合的，马上出动人马。

这种机制，最大限度整合了各级党委政府的力量，弥补了早先"多头管水""出了问题谁也不愿管"的弊端，使治水网络密而不漏，任何一个环节上都有部门、有专人负责。而"系在一根绳上"的治水生态链，极大地提高了水环境治理的行政效能。鳌江上游的水头镇，曾经因为制革污水直排，成为鳌江水体水质急剧恶化的主要原因之一。境内江屿断面水质的提升，是水头镇推进水环境综合整治的"镜子"。走过弯路的水头镇，2016年在对污染企业进行全面整治重组的同时，同步启动制革基地违建厂房的拆除工作。其间，市、县河长多次走现场、召开协调会，推动工作进展。水头镇拆出800多亩的土地，用于打造水头宠物小镇，走向转型之路。2016年上半年，随着水头镇新建污水处理厂投用，污水被应纳尽纳。治污之余，实行河道管理长效机制，通过奖励和设立"五水共治"监督群，老百姓人人当起"河长"。

建章立制，从"河长制"到"河长治"。温州市所有大小河道河岸边醒目位置均竖起"河长公示牌"，河长姓名、河道概况一目了然，并且还公布了县级河长固定电话号码，镇、村两级河长手机号码。同时，温州市明确了"市级河长负总责、县级河长为责任主体、镇级河长为实施主体、村级河长协助配合"的河长工作职责体系。

为了让河长们真正挑起所属河道的担子，2015年以来，温州市下发多道"河长令"，全面建立巡查记录、举报投诉受理、日常保洁等河长履职"十大工作机制"。温州市还出台全省首个治水责任追究办法，将河长履职考核作为党政领导干部综合考核评价的重要依据，文成县峃口镇新联村党支部书记张仁建等14位河长获评省优秀"基层河长"，13条治后反弹河道各级河长按责任轻重被问责处理。因为有责任、有考核，河长就不再是个虚衔，要做的都是实实在在的事情。河长虽然管的是一条河，但要解决的问题却超越了一条河。党政领导担任河长，推动力显然超过部门。河长制传达了地方党委政府重视水环境、强化责任的鲜明态度，可以震慑环境违法行为，加大环境治理力度。苍南县龙港镇中心城区楼李河因为黑、臭反弹，2016年上半年被列入温州市"清三河"防反弹黑名单。该镇副镇长林大阔5月接任镇级河长后，联合当地住建、环保和属地村居，推进河道清淤、岸上餐饮业油污整治、沿岸截污纳管、长效保洁等系列治水动作。2016年10月，该河水质有了明显改善。

从社会影响力看，产业结构调整随着"河长制"推进不断加速，沿河、沿湖企业不得不放弃传统落后的生产方式，关停超标排污企业，寻求清洁生产方式，促进经济循环发展。同时，民间治水力量也被带动，参与积极性得到提高，永嘉县沿河企业主动出资进行河道整治，企业主自当河长；瓯海区聘请当地村民为河道"监督员"，充当移动的河道监管"全球眼"。截至2016年底，温州市共有50多家公益环保组织、30000多名治水志愿者组建了800多支承担监督、宣传等功能的治水队伍。温州正从"河长治水"走向"全民治水"。

资料来源：郭乐燕、章会：《八千河长共治万河水》，《温州日报》2016年12月31日，第01版。

经验借鉴

"河长制"的温州探索，经历了从无到有、完善提升、大胆创新，积极构建河道长效管理机制。七年探索，从民间河长到四级河长。其治水经验如下：①推进联动治河，形成独创的"三长共治"的责任新体系。通过强化一线监督，以责任到人，推动河道水环境长效管理。②让四级河长各显神通。为破解跨区域治水难题，温州创新性地成立鳌江流域污染整治协调委员会。鳌江流域"治水河长团"分工明确，需要上级河长协调的，马上有人响应，需要其他部门配合的，马上出动人马。这种机制，最大限度整合了各级党委政府的力量，弥补了弊端，使治水网络密而不漏，任何一个环节上都有部门、有专人负责。治水生态链极大提高了水环境治理的行政效能。③对污染企业进行全面整治重组，同步启动制革基地违建厂房的拆除工作。打造水头宠物小镇，实现污水应纳尽纳，走向转型之路。治污之余，实行河道管理长效机制，通过奖励和设立"五水共治"监督群，老百姓人人当起"河长"。④建章立制，从"河长制"到"河长治"。所有大小河道河岸边醒目位置均竖起"河长公示牌"，并且明确了河长工作职责体系。将河长履职考核作为党政领导干部综合考核评价的重要依据。⑤党政领导担任河长，加大治水推动力。"河长制"传达了地方党委政府重视水环境、强化责任的鲜明态度，可以震慑环境违法行为，加大环境治理力度。

七、"河长制"让木长桥港获"新生"

 案例梗概

1. 海宁通过推行河长制和拆掉猪棚治理水环境。
2. 通过警民默契配合，水环境治理更加高效。
3. 通过微信群快速解决问题，环境得到很大的改善。

关键词：河长制，水环境，警民默契，"五水共治"

 案例全文

在海宁，有一条名为木长桥港的河，全长 12.2 公里，流经硖石、袁花等 4 个镇、街道。然而，自 20 世纪 90 年代开始，随着经济的发展，木长桥港渐渐被污染，原本清澈见底的河水变得混浊。直到 2012 年，一场治水攻坚战在潮乡大地打响——海宁市在全省率先建立起"干部当河长，群众来监督"的河长制，让市、镇、村三级干部挑起治水担子，列出问题单子、开出治理方子。

每条河道都有一名河长挂帅，2012 年底，时任海宁市委常委、公安局长顾照荣成了木长桥港的河长。那时摆在他面前的，是一条一眼看不见底的黑臭河。3 年后，木长桥港的水质由劣 V 类提升到了Ⅳ类，鱼、虾、螺蛳都又出现了。海宁市公安局也成为海宁市唯一一个连续 3 年获得优秀河长单位荣誉的集体。

2012 年底，顾照荣第一次作为河长来到木长桥港时，眉头一直紧锁着。身为民警，治水并不是他的专业所长。但是，作为木场桥港整治的第一责任人，他必须想出办法让水清起来。

经过走访、调查、讨论，木长桥港流域治水工作架构终于确立下来，由顾照荣任河长总负责，由硖石、马桥、袁花、丁桥 4 个镇（街道）的主要领导任副河长，公安局、镇、街道、村共同参与治水。海宁市公安局按照海宁市"五水共治"工作部署，创新确立"民生安全是第一警务"理念，认真履行河长指导、协调、监督、参与职能，着力推进木长桥港河长制水环境治理工作。2013 年初，杨真观一家发现，在木场桥港附近，经常会出现穿着制服的民警和镇、村干部，有时他们还会拿着瓶瓶罐罐来做测试。原来，这是在对木长桥港河道两侧 200 米的污染源进行全面排查，以便掌握影响水质的原因、找准采取措施的切入点。

养猪大户拆掉猪棚。木长桥港河道虽然不算大，但治理的难度不小。清淤泥、封堵工厂排污口、农业养殖污染整治、水生态修复等都是要解决的问题，而其中最难的要属关停养猪场。木长桥港流经的 4 个镇，村民大多靠农业养殖为生，其中杨汇桥村，就有十几户人家饲养生猪。2013 年时，整个木长桥港沿河岸 200 米范围内，共有生猪养殖户 150 余家。由于是散户养殖，猪的粪便排放设施比较简陋，化粪池处理设施大多不到位，存在大量直排现象，通过沟渠、田沟等流入支流，最后大都流入木长桥港，严重影响水质。养猪大户朱大姐养了 6000 多头猪。村干部、民警等跑了十几趟来劝说朱大姐拆猪棚，但都无功而返。后来，顾照荣带着街道干部又去了三四趟，除了面对面和她讲道理之外，还主动帮她想转型之路。终于，2013 年底，朱大姐同意转型果树种植，拆除了猪棚，卖掉了生猪。

2014 年，木长桥港沿河区域全面完成养殖户的签约关停工作，沿河每个村都实现了"无猪村"，从源头上控制了禽畜养殖污染。有村民表示，水慢慢清澈了，又能下河摸螺蛳了。早些年水黑臭的时候，村民会往河里丢垃圾，后来开始整治，捞垃圾的船、巡逻艇时不时会开过来，村民便都自觉起来，不会再丢垃圾了。木场桥港水域的巡逻，是海宁市公安局水上派出所的重点工作之一。每周，民警都会采用船巡、车巡两三次，对重点段更是加大巡逻检查密度，达到每周 4 次。

在这样频繁的巡逻过程中，民警和木场桥港附近的村民培养出了一种默契：村民发现河道有问题时，会主动告诉民警，并热情地帮忙一起解决。2015 年 4 月 23 日，水上派出所教导员陈晓波在船巡过程中，路过北古桥时，发现水面上漂着异物，还散发着臭味，但由于位置远，看不清具体是什么。在岸边的村民看到这一情况后，大声告诉民警，那是从上游漂下来的一具狗的尸体，卡在一个湾口里了。当时，巡逻船上的蛇皮袋和手套正好用完，不方便打捞。岸边的村民主动帮民警找了一个蛇皮袋和几双手套，一起打捞起了狗尸体，之后还帮忙找了地方，一起将狗尸体埋了起来。"经过一段时间的治水，村民们现在都有主动性和积极性了。他们也意识到，治水需要靠大家一起努力。"陈晓波欣慰地说。在陈晓波的手机微信里，聊得最热闹的，要数木长桥港"河长"群。他们每天在线上开会，治水过程中遇到任何困难都及时在微信群中反映，用手机实时拍摄图片上传到群里，问题就一目了然。在这个群里，不仅有民警、街道干部，还有23名信息员。2015年5月，为了全面掌握木长桥港河道200米范围内区域的治水现状，发挥沿河群众主动参与"五水共治"的积极性，海宁警方招募了23名义务信息员。这些信息员的任务就是发现河道保洁、排污等各类状况，并通过微信群实时发送，发挥监督作用。

2015年10月20日，信息员小褚发现木长桥港支流小日辉桥港的河面上漂浮着不少垃圾，便拍下一张照片传到微信群里。小日晖桥港所属的马桥街道工作人员看到这个情况后，马上着手进行清理。当派出所再次进行巡查时，河面上的垃圾已清理完毕。

"有了微信群，实现了'闪电速度'，整治见效很快。"陈晓波说，自从建立信息员队伍以来，已发现问题23个并很快解决。

资料来源：陈佳妮：《公安局长当"河长" 木长桥港获"新生"》，《浙江法制报》2015年5月5日，第00001版。

 经验借鉴

2012年，海宁市在全省率先建立起"干部当河长，群众来监督"的河长制，这让木长桥港获"新生"。其治水经验如下：①河长制治水。海宁市在全省率先建立起"干部当河长，群众来监督"的"河长制"，让市、镇、村三级干部挑起治水担子，列出问题单子、开出治理方子。②整治污染源头，让养猪大户拆掉猪棚。木长桥港沿河区域全面完成养殖户的签约关停工作，沿河每个村都实现了"无猪村"，从源头上控制了禽畜养殖污染。③通过巡逻来加强对治水的监督。木场桥港水域的巡逻，每周民警都会采用船巡、车巡2~3次，对重点段更是加大巡逻检查密度，达到每周4次。在这样频繁的巡逻过程中，民警和木场桥港附近的村民培养出了一种默契：村民发现河道有问题时，会主动告诉民警，并热情地帮忙一起解决。经过一段时间的治水，村民们现在都有主动性和积极性了。他们也意识到，治水需要靠大家一起努力。④微信群快速解决治水中发现的问题。治水过程中遇到任何困难都可以及时在微信群中反映，用手机实时拍摄图片上传到群里，并及时解决。

八、推进绿色信贷　支持"五水共治"

案例梗概

1. 大力开发浙江银行业绿色信贷信息平台。
2. 全面整合环境信用等级情况。
3. 大力压缩"两高一剩"产业贷款。
4. 加大对节能环保产业和"五水共治"项目的信贷支持力度。

关键词： 信贷信息平台，环境信用等级，"两高一剩"，绿色信贷

案例全文

2015 年 10 月，由浙江省银行业协会牵头编制的《浙江银行业社会责任报告（2005-2014）》（以下简称《报告》）在杭州发布。这是第一份浙江省银行业社会责任报告，全面展示了浙江省银行业 10 年来在创新服务方式、履行社会责任、创建和谐金融环境等方面的成果。10 年来，面对复杂的经济金融形势，浙江银行业始终围绕经济社会发展大局，坚持改革创新，践行社会责任，实现了速度、质量、效益、责任的均衡发展。

光辉 10 年，"浙银品牌"享誉国内。2004 年，第一家总部设在浙江并以"浙商"命名的全国性股份制银行诞生；2007 年，浙江的城市商业银行在创新发展、金融转型发展方面呈现出新的面貌，小微企业金融服务模式在全国独树一帜，形成了全国小微金融服务看浙江的良好格局；2014 年，浙江企业顺应金融改革浪潮，积极参与民营银行试点，在 5 家首批获准试点筹建的民营银行中，浙江占据 2 席。10 年间，浙江银行业金融机构体系不断健全，城市商业银行经营模式创新发展，"浙银品牌"享誉国内，为浙江经济社会又好又快发展提供了良好的金融支撑。

据《报告》数据显示，截至 2014 年末，浙江省共有银行机构数量 189家，营业网点 12072 个。10 年来，浙江省银行业保持稳中较快的发展势头，

资产总额、各项存贷款余额均实现稳步增长。2005 年末至 2014 年末，浙江银行业各项存款余额从 21127 亿元增长到 79242 亿元，年均增幅 16%；各项贷款余额从 17130 亿元增长到 71361 亿元，年均增幅 17%。

农村合作金融机构数量多、规模大是"浙银品牌"最重要的特色之一。随着农村金融改革的深入开展，浙江省村镇银行等新型金融机构得到了迅速发展，截至 2014 年末，浙江省拥有农商行 32 家，全省农商行存款余额达 7739 亿元，贷款余额达 5474 亿元；浙江省村镇银行总数达 60 家，实现村镇银行县（市）全覆盖。"三农"贷款更从 2005 年末的 842 亿元增长到 2014 年末的 28851 亿元，有力地促进了农业发展、农村繁荣和农民增收。

责任 10 年，"五类银行"倾力打造 2008 年，自杭州银行发布第一份社会责任报告，浙江泰隆商业银行、浙江民泰商业银行等多家金融机构也陆续发布了报告，向社会披露自身社会责任履行情况；2009 年，"浙江银行业履行社会责任年"活动深入开展，促进银行业社会责任建设。《报告》指出，10 年来，浙江银行业以打造"责任银行、价值银行、普惠银行、绿色银行、和谐银行"为方向，在承担社会责任，帮扶企业化解危机，支持"三农"和小微企业，绿色信贷建设及消费者权益保护等方面竭尽全力，履行社会责任的意识和能力不断增强，为全国银行业积累了可供借鉴的经验。

近年来，浙江省部分地区资金链、担保链断裂，企业主跑路事件多有发生，为此，省银行业协会特别建立"企业突发信贷风险会商帮扶机制"，对符合条件的涉险企业"一户一策"进行帮扶。2012 年以来，累计帮助 40 多家企业渡过难关，涉及信贷资产 198.85 亿元。2012 年，原浙江银监局联合环保部门开发了浙江银行业绿色信贷信息平台，全面整合了浙江省约 6000 家重点企业近 4 年环境信用等级情况和 7000 多家企业 11600 余条环保、违规、处罚等信息，为银行业实施绿色信贷提供信息支撑。通过积极推进"绿色信贷"建设，大力压缩"两高一剩"产业贷款，同时加大对节能环保产业和"五水共治"项目的信贷支持力度，截至 2014 年末，浙江省节能环保项目贷款余额达 1548 亿元，2014 年与"五水共治"战略高度相关的水利、环境和公共设施建设贷款增长 1286 亿元，贷款增速达 45.5%。此外，以省农信联社、中国银行浙江省分行、浙江泰隆商业银行等为代表的省内多家金融机构，特别成立了多个面向不同领域的慈善、公益基金，在支持浙江地区经济社会发展，服务民生需求的同时，全行业开展多样化常态化的公益活动，积极回馈社会。

资料来源：陈贞妃：《推进绿色信贷支持五水共治》，《浙江法制报》2015 年 10 月 14 日，第 006 版。

 经验借鉴

2005~2014 年，浙江省银行业保持稳中较快的发展趋势，资产总额和各项存贷款余额均实现稳步增长，同时关注城乡差距较大的问题，大力促进农村金融业改革深入发展以及帮扶企业化解危机，加强绿色信贷建设，支持"五水共治"。浙江省银行业为了推进绿色信贷，出台了一系列的措施。简单概括来说，可以从浙江省银行业的发展中得出以下经验：①以打造"责任银行、价值银行、普惠银行、绿色银行、和谐银行"为方向，加快传统银行业的转型升级。浙江省在复杂的金融环境下，围绕经济建设这一中心，坚持改革创新和践行社会责任，追求高效、高质、责任的发展。②帮扶企业化解危机，建立"企业突发信贷风险会商帮扶机制"。因为部分地区资金链、担保链时而断裂，这一举措有助于困难企业渡过难关。③支持"三农"和小微企业。加快农村金融改革的深入发展，加快实现村镇银行县（市）全覆盖。银行应加大对小微企业的贷款投放，在一定程度上降低了小微企业的融资成本。④开发银行业绿色信贷信息平台。浙江省全面整合众企业的环保、违规以及处罚等信息，划分各企业的环境信用等级，为浙江省银行业实施绿色信贷提供信息支撑。⑤加强绿色信贷建设，大力压缩"两高一剩"产业贷款，同时加大对节能环保产业和"五水共治"项目的信贷支持力度。⑥设立多方面、不同领域的慈善以及公益基金，开展多样化、常态化的公益活动，加强银行业自觉进行社会服务和履行社会责任的意识。

九、打通治水"最后一公里"

案例梗概

1. 创新机制，建立水环境管理中心，运用护水模式为河流健康生命打下基础。
2. 因地制宜，充分依托社会资源，利用优势采取不同治理模式。

3. 选聘专业人才，强化技能培训来破解基层专业人才缺乏的问题。

4. 坚持建管并举，把河长制管水机制落到实处并且建立水质考核奖惩制来落实问责制度来压实治水主体责任。

关键词： 政府，治水，监督，合力，互补

 案例全文

浙江兰溪，地处钱塘江上游，是金华、衢州出水的"总阀门"，直接关系到杭州的饮用水安全。这里水系迂回，水情复杂，河塘沟渠遍布城乡，如何管好这万千条"毛细血管"？通过创新机制，兰溪建立起覆盖 16 个乡镇（街道）的水环境管理中心，一套基层长效治水护水模式，打通了水质管护"最后一公里"，为保障河流的健康生命打下了坚实的基础。

提升硬实力，治水专人干

自从水环境管理中心成立以来，兰溪市的 5 条河流水质年达标率稳步提升，2015 年和 2016 年分别为 53%、82%，2017 年前 11 月达到了 100%。

2015 年，兰溪在灵洞乡试点建设水环境管理中心，对辖区水质进行检测。水质好不好、责任实不实，各级河长治河管水有了技术支撑。据兰溪市相关负责人介绍，结合乡镇实际情况，水环境管理中心采取三种模式：有的是乡镇自建，有的建在学校，还有的建在企业。"这样因地制宜，充分依托社会资源，利用其场地、技术、设备等优势，减少乡镇资金压力，部分管理中心采取政府购买服务的合作方式。"

巡河、采集、检测、上报……灵洞乡生态环保员楼鸳鸯结束了一天的工作。"我在这里既可以发挥专业所长，还能不断提高综合管理能力。"这位从浙江工业大学环境工程专业毕业的女孩说。治理水环境，人才是关键。为破解基层专业人才普遍缺乏的难题，兰溪从三方面发力：选聘生态环保员。全市共调剂全额事业编制 16 名，担任生态环保员。选派河长助理。市里抽调相关部门业务骨干 16 名，赴乡镇挂职河长助理，主动参与河道巡查、水质抽样检测等治水业务。强化技能培训。2017 年培训各乡镇治水办主任、信息员、河长助理等 300 余人次。

织密责任网，破解监管难题

水环境管理中心，建是基础，管才是关键。兰溪坚持建管并举，把河长制管水机制落到实处。河长能否管好河，问责是关键。兰溪建立村级水质考核奖惩制。乡镇水环境管理中心实现了对断面水质、劣Ⅴ类小微水体检测全覆盖，依托水质检测结果，乡镇对村级每月一考核，考核结果在媒体上公布。

市里根据考核排名情况，落实通报、预警等举措，并由市领导对落后乡镇的负责人进行约谈，奖优惩劣，压实治水主体责任。赤溪街道常满塘素有"兰溪第一塘"之称，水域面积500亩。"有了水环境管理中心，水质好不好，数据说话，有问题随时就能发现，怎么敢放松啊！"傍晚还在巡塘的池塘长徐志林说。水样采集是首要环节，为确保客观公正，兰溪市规定，水样采集除1名采样人员外，增配2名以上监督员，监督员由村级上下游河长或者村民代表担任，互相监督。水样检测实行AB角制。乡镇水环境管理中心每个检测岗位配备2名以上检测人员，工作中互为补充、互相监督、合力治水。

"上面千条线，下面一张网，16个中心小网格组成的大网，铺在兰溪城乡每一寸土地上。"兰溪市相关负责人表示，水环境管理中心作为治水工作的技术支撑平台，打通了水质检测、管护"最后一公里"。

环保部门数据显示：2017年前10个月，位于兰溪兰江将军岩的国控断面水质达到Ⅱ类。这是自浙江"五水共治"开展以来，兰溪出境河流断面水质创下的最好成绩，也是近20年来的最好水质，实现了"一江清水送下游"的治水承诺。

资料来源：应飞舟：《打通治水"最后一公里"》，《人民日报》2017年11月19日，第11版。

 经验借鉴

兰溪治水的关键在于建立起覆盖16个乡镇的水环境管理中心，这一套基层长效治水护水模式为保障河流健康打下坚实基础。水环境管理中心可以对辖区水质进行检测，各级河长拥有了技术支撑。水环境管理中心因地制宜，充分依托社会资源利用各种优势来建造，采取不同的三种模式，减少了乡镇资金压力。其治水经验如下：①治水注重人才。兰溪将治水的重点放在人才上，破解基层专业人才普遍缺乏的难题，主要从三方面发力：选聘生态环保员，选派河长助力，强化技能培训。这些人才为治水取得巨大成果打下来基础。②坚持建管并举，兰溪将河长制管水机制落到实处。河长能否管好河的关键是问责，因此兰溪建立水质考核奖惩制，依托水质检测结果来对村级进行考核。根据考核排名情况落实通报、预警等举措，并由市领导对落后乡镇的负责人进行约谈，奖优惩劣，压实治水主体责任。③水样检测实行 AB 角制。由于水样采集是治水的首要环节，兰溪增配水样监督员，并实行 AB 角制，采样员与监督员在工作中互为补充、互相监督、合力治水。兰溪的水环境中心作为治水工作的技术支撑平台，打通了水质检测，管护最后"一公里"。现在的兰溪水质达到"五水共治"以来的最好成绩，实现了"一江清水送客流"的治水承诺。

十、公益诉讼护住钱江源头一江清水

 案例梗概

1. 江西华龙化工有限公司将生产废水排入卅二都溪，桃源村污染严重，江山市检察机关提起公益诉讼制度，发起检察建议书消除重大跨省污染隐患，护住钱塘江源头。

2. 衢州检察机关借助公益诉讼新职能，开启了对钱江源生态环境的全方位司法保护，助力浙江绿色发展。

3. 衢州瑞力杰化工公司违法深埋工业固废，严重损害山坳生态环境，衢州检察机关立案启动民事公益诉讼诉前程序，化工公司需赔偿相关费用。

4. 常山某林业公司违规开采造成生态破坏，检察院启动民事公益诉讼诉前程序，林业公司须缴纳林地恢复保证金。

5. 衢州市通过生态环境和资源保护公益诉讼专项行动，实现监督全覆盖，全力保护钱江源。

关键词：化工污染，跨省，公益诉讼，监督机制

案例全文

严靓是江山市检察院民事行政检察科科长，已数不清这是她第几次来桃源村。车窗外，大片大片的稻田从远处铺展开来，满目新绿；不远处的茶山上，能隐约看到采茶人的身影……此时的桃源村，正是她心中期望的样子，安宁而美好。三年多前，严靓从村民口中得知，桃源村深受一家废弃化工厂的困扰。桃源村的西南近邻，是江西省龙溪村。龙溪村内有条龙溪河，河水一路蜿蜒，流入桃源村后，名作卅二都溪，是钱塘江的源头之一。要如何拯救桃源村、护住钱江源头这一江清水？从民事行政检察监督到公益诉讼，三年多来，桃源村成了严靓去得最多的村子。

桃源人的心病。江山市凤林镇桃源村，地处浙赣交界。在村民们心里，这里比陶渊明笔下的村子更"桃源"：这里不仅有良田美池，更有高效现代农业，桃源清水蟹、桃源有机水稻远近闻名，漫山的四季鲜果和茶叶，也都是村民们的"宝贝疙瘩"。桃源村和江西上饶市广丰区东阳乡龙溪村是邻居，龙溪村的龙溪河流入桃源村后，就成了卅二都溪，是钱塘江的源头之一。正是这条溪的污染问题，困扰了桃源村多年。原来，地处两村交界处的江西华龙化工有限公司，掐准边际交界、行政监管上的盲点，时常将生产废水排入卅二都溪，桃源村为此投诉不断。2014年，江山、广丰两地联手治水，关停了化工厂，但厂内遗存的大量化工原料依然是村民的心病。村民联名写信给江山市检察院，希望司法机关介入监督。同年4月，严靓第一次去了桃源村，并"跨省"去了广丰境内的华龙化工厂。

"厂就建在两村接壤处，主厂区在龙溪村，旁边半山腰上一处扩建的生产车间却属桃源村地界。"严靓说，特殊的地理位置，加上厂内遗留的大量危化品，让废弃厂房的清理成了棘手难题。当时，虽然工厂已经停产，但严靓看到，从厂区内流出的水仍呈红褐色，有怪味。进入厂区，厂房里和露天堆积的大量塑料桶、铁皮桶令人震惊，如果走近，还能听到不知哪个桶内发出的轻微爆炸声。"当时我憋了一口气想数数厂房里有多少个桶，但进去一会儿就被熏得头晕喉咙痛，赶紧跑出来。"严靓说。

大量化工原料和生产用的槽罐未经处理露天堆放，一些桶已腐蚀老化，一旦泄漏，被污染的水流入卅二都溪，将直接影响下游的桃源村等5个村，进而危及钱塘江。"一定要搬走这些危险的化工桶。"严靓下定决心。2015年

5月，江山市检察院向江山市环保部门发出检察建议，要求对废弃的化工原料进行检测、处理。江山市环保部门随即核查，发现工厂遗留装有化工原料的大桶有2000多个。根据属地管理原则，江山环保部门发函广丰环保部门。由于涉及危化品，广丰环保部门又移交当地安监部门……此后，广丰、江山两地政府领导、相关部门负责人多次就此事专题协调，但由于事涉两地，危化品处理难度高、化工厂法定代表人已被判刑无力处理等原因，2000多桶化学原料一直未能被清理处置。

2017年，事情终于迎来了转机。借着检察机关提起公益诉讼制度的东风，江山市检察院在2017年7月1日向江山市原环保局发出检察建议书，启动行政公益诉讼诉前程序，成为浙江省首例消除重大跨省污染隐患案。"我们认为，虽然遗留的危化品在江西境内，但一旦泄漏，危害的是江山的环境安全。依据《中华人民共和国环境保护法》，江山市环保部门有责任及时采取有效措施，消除这一环境安全现实危险。"严靓说。16天后，江山市检察院收到江山市原环保部门的复函。根据这份复函，露天堆放的化学品由广丰负责处置，原来向这家化工厂倾运危化品的企业负责全部回收。此后，严靓又先后9次与江山、广丰两地环保、公安等部门对接协调，督促尽快处置危化品，并在搬离期间多次到现场监督。经过近4个月的努力，2000多个大桶终于全部搬离。"以前厂区里寸草不生，现在终于好起来了。"再次走进厂区，尽管看到的仍是破败的厂房，但严靓惊喜地发现，厂区地面已经生出野草，半山坡上的树也重新变绿了。

公益诉讼保护钱江源。钱江源头筑屏障，一江清水送下游。不仅是江山，处在钱塘江源头的衢州检察机关，为了护住钱塘江的一江清水，借助公益诉讼新职能，开启了对钱江源生态环境的全方位司法保护，助力浙江绿色发展。

在开化，衢州瑞力杰化工公司将百余吨工业垃圾、固废填埋于开化县张家村国道边的一个山坳里，后来虽然工业固废被挖出，但山坳生态环境却被严重损害。由于此案已过刑事诉讼时效，2017年7月1日，衢州市检察院决定立案审查并启动民事公益诉讼诉前程序。此案也由此成为浙江省首例民事公益诉讼案。2017年底，由开化县检察院提起的民事公益诉讼案宣判，化工公司不仅要赔偿生态环境受损期间的服务功能损失费18万多元，还要承担山体的生态环境修复费用及案件相关鉴定评估等费用。

在常山，某林业公司在开展避暑养身休闲项目过程中，未经许可在省级水土流失重点防治区内开挖道路、围筑水塘，致使常山县东案乡呈东村饮用水源被污染、森林被破坏，存在泥石流、山体滑坡等地质灾害隐患。常山县检察院启动行政公益诉讼诉前程序，向县林业局发出诉前检察建议。在公益诉讼监督之下，这家公司缴纳了林地恢复保证金，并进行相关修复工作。

"衢州地理位置特殊，处在钱江源头，所以我们将公益诉讼作为两级检察机关的重点特色工作和'一把手'工程，工作中建立健全与环保、食药监、国土等部门的配合协作机制，尤其对其中的环境保护公益诉讼，多措并举、保护生态。"衢州市检察院副检察长吴明田介绍，在衢州两级检察机关目前立案办理的 54 件公益诉讼案中，生态环境和资源保护领域案件达 43 件，占办案总数的近八成。在公益诉讼的有力作用下，被非法改变用途和占用的 44.1 亩耕地、林地等农用地和生态公益林得以挽回、复垦，2000 余吨固废、垃圾被清理回收，500 余副、7000 多米的地笼网等禁用渔具被清理、销毁……水，恢复了一江清水；山，重新披上了绿装。

2018 年 4 月起，钱江源头，一场为期 1 年的生态环境和资源保护公益诉讼专项行动展开。根据衢州市检察院制定的专项行动实施方案，随意倾倒、堆放、处置固体废物，排放有毒有害物质和超标准的废水、废气以及盗伐滥伐、非法狩猎等 10 类违法行为，都是此次专项行动查处的重点。

吴明田说，通过专项行动，衢州两级检察机关将努力实现对破坏生态环境和资源保护违法行为的监督全覆盖，突出查办法人或个人的破坏行为，以及行政机关违法行使职权或者不作为带来的国家利益或社会公共利益受损问题，全力保护钱江源。

资料来源：许梅、朱聪颖：《公益诉讼护住钱江源头一江清水》，《浙江法制报》2018 年 5 月 3 日，第 01 版。

 经验借鉴

为护住钱江源头，浙江省各市启动民事公益诉讼诉前程序。其治理经验如下：①江西华龙化工有限公司地处桃源村、龙溪村两村交界，利用政策盲点将污水排入钱塘江源头之一的卅二都溪，同时，厂内遗留的大量化工原料对环境造成了极大的污染。江山市检察机关发出检察建议书，启动行政公益诉讼诉前程序，最终由厂丰负责处置化学品，污染源企业回收危化品，成为全省首例消除重大跨省污染隐患案，成效显著，生态环境渐渐复原。②为护住钱塘江一江清水，地处源头的衢州检察机关借助公益诉讼新职能，开启了对钱江源生态环境的全方位司法保护，助力浙江绿色发展。开化县衢州瑞力杰化工公司违法深埋工业固废，严重损害山坳生态环境，后经检察院提起民事公益诉讼，该化工公司须赔偿所有相关费用，该案例成为浙江省首例民事公益诉讼案。③常山某林业公司未经许可违规开采造成生态破坏，检察院启动民事公益诉讼诉前程序，林业公司须缴纳林地恢复保证金。衢州市将公益诉讼作为两级检察机关的重点特色工作和"一把手"工程，建立健全配合协作机制，对环境保护公益诉讼，多措并举。

通过开展一系列跨省、跨区域的生态环境和资源保护公益诉讼专项行动，浙江省实现了监督全覆盖，全力保护了钱江源头。

本篇启发思考题

1. 河（湖）长体系的总体框架是怎样的？
2. 浙江省采取了哪些措施来保障公众对河长制设立情况的知情权？
3. 河（湖）长有哪些责任？
4. 为河道编写河道志有何积极意义？
5. 杭州桐庐县如何对河道实施分阶分级规范化管理？
6. 你认为河长学院有必要推广吗？有哪些积极意义？
7. 通过浙江河长学院案例，你对河长学院的发展有哪些建议？
8. 对河长进行分级考核有何积极意义？如何制定合理的考核标准？
9. 浙江省关于河长制立法的实践包括哪些方面？
10. 绿色信贷体系如何对"五水共治"项目提供支持？
11. 如何打通治水"最后一公里"？

第三篇

治水专项——排污、治污与节水

一、小餐饮店向雨水井偷排污水谁来管？
杭州下城区店主当"井长"

 案例梗概

1. 杭州下城区实行店主当"井长"，做好雨水井看护任务。
2. 小餐饮店向雨水井偷排污水，"井长"将"制污者"变为"治污者"。
3. "井长"工作要做到"四报告"和"四到位"。
4. "井长"实行长效管理，建立奖惩制度。

关键词：井长制，偷排污水，治污，店主

案例全文

　　浙江省杭州市下城区柳营花园小区周边的地面上，一个个雨水井周边干净清爽。黄昌流在这里经营了一家"客家小吃"，他既是店主，也是店门前雨水井的"井长"。黄昌流表示，自他"上任"以来，努力做好雨水井管护，还没发现偷倒厨余油污、洗碗水等现象。下城区像黄昌流这样的"井长"，还有76位。这些"井长"，其实就是路边雨水井环境管护的责任人。

　　为什么要管雨水井？原因在于小餐饮店向雨水井偷排污水，多次被举报。下城区是杭州的老城区，共辖8个街道。在推进治水工作过程中，下城区发现，有一些细节方面的问题值得重视，一些污染源头还没有进行有效治理，特别是沿街的小餐饮店，会向路边的雨水井偷倒厨余油污、洗碗水。这些污水最终流向京杭大运河杭州段的支流——中河和东河，间接造成河道的氨氮、总磷等指标超标，河水透明度下降，河面油污漂浮，成了河道水质不稳定的原因之一。

2017年4月，下城区长庆街道对辖区内的小餐饮业进行了全面走访摸排。据统计，目前长庆街道的小餐饮、小食品、小蔬菜店等"三小"行业共有58家，其中沿街小餐饮店35家，特别是林司后柳营花园区块小餐饮店比较密集，150米的距离内，有8家餐饮店，5个雨水井。小餐饮店及其他小店，有向路边雨水井偷倒偷排污水的现象，也多次被群众举报过。

如何让"制污者"变成"治污者"？下城区的办法就是让这些餐饮店的负责人来管好自家店门口马路边的雨水井，参与到治水工作中来。

下城区2017年6月召开了"井长制"现场推进会。会上，长庆街道的首批8位"井长"被授牌。随即8家小餐饮店的门口，挂上了"井长公示牌"。

"井长"要做哪些事？其中主要包括"四报告"和"四到位"。前期培训是重要一课。"井长"上任前，都要接受下城区治水办、区城管局和长庆街道举办的"井长"培训班，明白要干什么，怎么干。

具体说来，"井长"要做到"四报告"和"四到位"：发现偷倒垃圾要报告、发现偷排油污要报告、发现窨井淤积要报告、发现私接管道要报告；日常巡查检查要到位、日常维护监管要到位、日常劝导宣传要到位、日常发现问题要到位。

"井长"不光要做到自己不排污水，还要监督别人，并接受群众对自己的监督。长庆街道8家小餐饮店门口挂的"井长公示牌"上写有"井长"名字、投诉电话及"井长"职责。店门前的雨水井，也一一进行编号。他们中有的一店管一井，有的两家共管一个井。

小餐饮店转让现象较为普遍，这是否会影响"井长制"的实施？"店主变了，'井长'的责任不会变。我们会和其他管理单位一起，监督新老'井长'的交接，及时对新'井长'进行培训。"长庆街道城管科相关负责人表示。

长庆街道的首批8位"井长"授牌后，其他7个街道也相继设立雨水井专人负责制，并为"井长"授牌。截至2017年8月，下城区共计有77个"井长"先后上岗。

如何进行长效管理？建立奖惩办法，并为厨余废水寻找出路。据下城区"五水共治"办介绍，这些"井长"上任后，基本做到了管好自己，规劝别人。

如何让"井长制"长期取得成效？最先试点的长庆街道建立了相关的奖惩激励办法，对不履行"井长"职责，顶风偷倒、偷排油污的经营户将按相关法规予以处罚。按照有关处罚条例，在雨水井里偷排餐饮污水，最少罚款1200元，最高可达几十万元。但对认真履职的"井长"，将给予一定的奖励。

长庆街道还专门成立了市场周边环境整治的安保队伍，在长庆街与林司后交叉口设立了保安岗，时刻巡查和管理。数字城管更是24小时监控，一经发现有偷倒污水现象的，立即取证上报执法中队查处。

多渠道解决厨余废水的出路，也是长效管理的一环。为此，有的街道聘请了专业公司定期上门回收，为小餐饮店解决了泔水回收问题；有的上门对餐饮店的废水进行了水质检测，对符合条件有能力的餐饮店，让其厨余废水通过市政污水管网排放。

资料来源：钟兆盈：《小餐饮店向雨水井偷排污水谁来管？杭州下城区店主当"井长"》《中国环境报》2017年8月10日，第05版。

 经验借鉴

杭州下城区事先经过实地的考察、走访排查，发现了小餐馆向雨水井排放污水的现象十分严重，从而推出"井长制"，有效地治理排污源头。①"四报告"和"四到位"。"井长"经过一定的培训，明确自己的职责，发现偷倒垃圾要报告、发现偷排油污要报告、发现窨井淤积要报告、发现私接管道要报告；日常巡查检查要到位、日常维护监管要到位、日常劝导宣传要到位、日常发现问题要到位。"井长"不光做到自己不排污水，还要监督别人，并接受群众对自己的监督。对于小餐饮转让频繁现象，规定店长变了，"井长"的责任不会变。②设立奖惩制度，以求长期效果。最先试点的长庆街道建立了相关的奖惩激励办法，对于违反"井长"职责的人予以一定的罚款等处罚，对于工作表现良好的"井长"则予以相应的奖励。③多渠道解决厨余废水的出路，从根源解决小餐馆污水排放问题，或聘请专业公司定期上门回收，为小餐饮店解决了泔水回收问题；或上门对餐饮店的废水进行水质检测，对符合条件有能力的餐饮店，让其厨余废水通过市政污水管网排放。

二、嘉兴市部署"污水零直排区"建设和 "美丽河湖"创建

案例梗概

1. 嘉兴致力于建设"污水零直排",精准管理,力求实现雨污分流。
2. 嘉兴创建"美丽河湖",综合实际,制定"一点一策"的方案。
3. 嘉兴全市开展治污剿劣工作,重拳出击,取得了显著的效果。

关键词: "污水零直排区",美丽河湖,河(湖)长制建设,"五水共治"

案例全文

2018年5月10日,嘉兴"污水零直排区"建设、"美丽河湖"创建现场推进会在海宁召开,部署深化"河长制",深入推进"五水共治",全力打好"污水零直排区"建设、"美丽河湖"创建攻坚战。

"污水零直排区"建设是提升水环境质量的创新之举,是改善城乡面貌的带动之举,是支撑高质量发展的有效之举。根据部署,在"污水零直排区"建设上,要精细排查,制定方案;精细改建,抓好项目;精细管理,确保成效。2018年,嘉兴市完成20个"污水零直排"住宅小区、8个"污水零直排"工业园区(集聚区)、8个"污水零直排"镇(街道)的建设任务。

在具体操作上,工业企业要实现雨污分流,园区内雨污水收集系统完备,运行正常。城镇生活小区、"城中村"等要深入开展雨污分流改造,做到"能分则分、难分必截",其他可能产生污水的行业,如小餐饮、小宾馆、农贸市场、沿街店铺等,要做到雨污分离,达标排放。对因特殊情况内部无法实行雨污分流,且列入两年内拆迁计划的"城中村"、村庄部分,要采取外部截流方式进行截污纳管改造;对配套管网不足的已建城镇污水处理厂的问题,加快污水管网特别是二级、三级支线管网建设。

另外,"污水零直排区"建设要与"三改一拆"、"城中村"改造、小城

镇环境综合整治、海绵城市建设等工作紧密结合，打好"组合拳"，发挥综合效益。

"美丽河湖"创建是实施乡村振兴战略和人居环境提升行动的重要抓手，并被列为2018年的政府民生实事工程。会议要求，在"美丽河湖"创建上，要强化规划引领，强化以评促建，强化协同推进，结合实际，制定"一点一策"治理方案，确定项目表、时间表和责任表，全市创建美丽河道80条以上。同时坚持区域系统治理，清淤泥、通水系、活水网，实施水系连通及活水畅流工程，持续推进河道清淤和生态修复，全市清淤1000万立方米以上。通过强化河道综合治理，进一步改善河湖水生态环境，努力实现"一河（湖）一景一品一韵"，营造人与自然和谐共生的河湖环境。

2017年，嘉兴全市上下围绕"稳三、增四、减五、消劣"的总目标，重拳出击、铁腕攻坚、全线突破，全面展开劣Ⅴ类水剿灭战，"五水共治"工作取得阶段性的显著成效，全市水环境质量持续改善。劣Ⅴ类市控断面1个（许村大桥）、劣Ⅴ类小微水体1341条全部完成销号。全市73个市控以上地表水监测断面中Ⅱ类1个、Ⅲ类27个、Ⅳ类43个、Ⅴ类2个。整体呈现剿劣攻坚取得实效，行业整治深入推进，基础保障不断强化，治水理念深入人心的良好态势。

会议要求，2017年针对治水工作存在的问题与短板，拉高标杆，精准施策，以大抓落实的要求推进"污水零直排区"建设、"美丽河湖"创建、"河（湖）长制"建设和水环境质量提升各项工作，敢于攻坚、勇于担当，只争朝夕抓推进、攻坚克难抓落实，以治水的实际成效造福人民。

资料来源：陆成钢、李初：《我市部署"污水零直排区"建设和"美丽河湖"创建》，《嘉兴日报》2018年5月12日，第2版。

 经验借鉴

嘉兴市部署"污水零直排区"建设和"美丽河湖"创建，取得良好成效，其治水经验如下：①抓好精细管理，确保任务完成。精细排查，制定方案；精细改建，抓好项目；精细管理，确保成效。②实现雨污分离。工业企业要实现雨污分流，园区内则要求雨、污水收集系统完备，运行正常；城镇生活小区、城中村等要深入开展雨污分流改造，做到"能分则分、难分必截"；其他可能产生污水的行业，如小餐饮、小宾馆、农贸市场、沿街店铺等，要做到雨污分离，达标排放。还有其他无法在内部实现雨污分离的，要采取外部截流方式进行截污纳管改造。③打组合拳，发挥综合效益。"污水零直排区"建设要与"三改一拆"、城中村改造、小城镇环境综合整治、海绵城市建设等工作紧密结合。建设"美丽河湖"，重点在于强化规划引领，强化以评促建，强化协同推进，结合实际，制定"一点一策"治理方案，坚持区域系统治理，推进河道清淤和生态修复工作。④治水工作永不止步。嘉兴在2017 年"五水共治"取得了阶段性的显著成效，水环境得以明显改善，但是治污工作仍未结束，在后续工作中应针对治水工作存在的问题与短板，拉高标杆，精准施策，造福人民。

三、金华建生态洗衣房　改变农村千年河塘洗衣习俗

 案例梗概

1. 随着浙江治水工作的不断深入，群众沿河塘洗衣的传统行为，已成为影响治水成果的重要顽疾。
2. 浙江金华建设推广生态洗衣房，在当地引发一场农村洗衣革命，走出了一条精细化治水新路。
3. 采用多种模式，因地制宜建设生态洗衣房。
4. 优先强化保障，并助推建设应用。
5. 试点先行，层层联动推广。

关键词：生态洗衣房，多种模式，强化保障，试点先行

 案例全文

沿河而居，捣衣浣纱，不仅是一道水乡风景，更是农村千百年流传的习惯。但是，洗衣过程中因为使用洗涤剂而产生的污水，是导致水体污染的元凶之一。近年来，随着浙江治水工作的不断深入，江河湖泊、沟渠池塘等水

体水质明显改善，渐渐地群众沿河塘洗衣的传统行为，已成为影响治水成果的重要顽疾。

一边是治水顽疾的消除，一边是村民洗衣的诉求，怎么办？浙江金华对此开出了一剂"良药"——建设推广生态洗衣房。此"药"不仅消除了这一治水顽疾，还再现了农村浣纱闲聊的场景，在当地引发一场农村洗衣革命，走出了一条精细化治水新路。

多种模式　因地制宜建设

"污染到底是从哪儿来的？"每天走过坞慈塘的兰溪市黄店镇黄店村都心自然村村民，心里总有个疑问，在农村生活污水集中处理、生活垃圾分类减量处理后，江河湖泊的水质有了明显改善，但沟渠池塘中的水看起来仍旧脏兮兮的。污染物溯源排查的结果让他们大吃一惊：洗衣废水直排河塘是主因之一。

在河塘里洗了大半辈子衣服，72岁的村民唐奶奶不敢相信，这个传统习惯竟会给他们带来烦恼。河塘洗衣，陪伴着唐奶奶的半生年华，已经融入她的生活。过去，村里没有自来水，家家户户都在河塘边洗衣；如今有了自来水，村民的习惯还是改不掉。"现在好了，不仅洗衣后的污水不再流入河塘，而且还不怕太阳晒不怕雨水淋。"唐奶奶说。

她口中的这位洗衣"帮手"正是位于村大会堂旁的生态洗衣房。洗衣房外观古朴典雅似亭廊，6个洗衣槽一字排开，简洁实用。这里原先是一个破旧的公厕，为了改善环境，黄店镇和村里一起将公厕改成了洗衣房。

"自生态洗衣房建成投用后，可谓人头攒动、热热闹闹，而塘边洗衣的现象基本没有了，塘水也看着好多了。"坞慈塘的塘长说，他每天都要到塘边转转，那里发生的变化他最清楚，村民的洗衣、洗菜习惯正在改变，生态洗衣房功劳不小。

到底什么样的洗衣房有如此大的能耐？据介绍，洗衣房的用水来自地下，用水泵抽到上面的水箱，然后通到各洗衣槽上方的水龙头；洗衣产生的废水，通过排水管，进入农村生活污水管道，通往外面的污水管网，最后流进污水处理厂处理。

据了解，这种用水、排水模式只是金华生态洗衣房三种建设模式中的一种，且适宜在平缓地区推广使用。另外两种，一种是适宜在山区推广使用的模式，以浦江县洪家村为代表，利用地势差将山泉水引入村中生态洗衣房，洗涤废水经集中收集，通过生态湿地进行处理；另一种是适宜在城镇、城郊推广使用的模式，以金东区鞋塘支家村为代表，水源是自来水，洗涤废水集中排入城镇污水管网。

虽然建设模式不同，但都是以方便群众、保护环境为目标宗旨。金华的生态洗衣房一般都在农村沿溪沿塘沿井建设，充分考虑引水入房、污水处理及方便实用等因素，内设洗衣槽、水龙头、搓衣板、分类垃圾桶等设施，实现洗涤废水统一处理，并采用亭廊式设计，使之与周边人文自然景观相协调，同时具备遮阳避雨等功能。

强化保障　助推建设应用

生态洗衣房不但解决了村民洗衣服的需求，而且在一定程度上降低了池塘的总磷含量，群众的反响很好。而如何将生态洗衣房推广开来是接下来需要处理的问题。

要保障生态洗衣房的推广，建是基础，用是关键。

关于"建"，兰溪市大力加强对生态洗衣房建设的技术指导工作，并组织开展建设运行验收。对通过验收的生态洗衣房，按每个洗衣位 6000~10000 元标准给予补助，从资金上给予各乡镇村支持，鼓励各地积极建设生态洗衣房。

对于"用"，为改变村民原有洗衣习惯，引导村民使用洗衣房，兰溪还将生态洗衣房推广应用写入禁磷工作，并纳入塘长日常巡查的重要内容，号召妇女代表、老党员等组建村级劝导小分队，充当"第二塘长"的角色。集中在洗衣高峰时段，实行"一日一巡查"，协同塘长及时劝导门口塘、溪流洗涤行为，引导村民充分利用生态洗衣房集中式洗衣取代传统洗衣。

此外，将生态洗衣、无磷洗涤等工作纳入村规民约，通过行为规范督促村民逐步建立良好生活习惯，杜绝沿河、溪、塘洗涤行为，助推治水工作提标提速。

类似兰溪的保障经验，金华在全市进行了总结、创新、推广。比如，积极发动各地妇联开展生态洗涤宣讲活动，引导广大妇女集中洗涤，倡导生态洗涤。同时，进一步深化完善河长制，将引导生态洗涤工作纳入塘长日常巡查内容，把生态洗衣、错时洗衣等写入村规民约。再如，通过出租集体土地使用权、企业承包权等多种方式，募集生态洗衣房建设资金等。

试点先行　层层联动推广

为避免治水进入"反复治、治反复"的怪圈，巩固提升水环境治理成果，兰溪市瞄准沿河、沿塘洗衣这一影响治水成果的重要顽疾，首创农村生态洗衣模式，在取水蓄水、截污纳管、污水处理等设施完备并运行良好的云山、兰江、上华、水亭、黄店5个乡镇的6个村优先选点布局试点，并以此辐射覆盖全域。

兰溪市治水办相关负责人说，在农村建立生态洗衣房，从解决村民实际需求出发抓治水，引导村民形成绿色生活方式，实现了河塘提水质和农民得实惠"双赢"目标，提升了村民的治水获得感，得到村民的高度好评。

金华市还在兰溪召开现场会，组织全市相关人员参观学习兰溪生态洗衣房建设经验，鼓励各地因地制宜、复制创新。通过市、县、乡三级联动，层层发动，积极推广基层治水实践创新成果。

现场会后，金华各地积极落实推进，坚持试点先行，在探索完善、总结推广生态洗衣房建设经验的基础上，结合本地基层实践，不断创新优化生态洗衣房建设。如对正在建设的生态洗衣房，投资6万元在遮阳棚顶部设置发电装置，利用太阳能发电提供生态洗衣房用电需求，结余电量并入国家电网。

此外，农村基层还"研发"了不少小妙招，如在池塘边建造内高外低的洗衣平台，让塘边洗衣污水集中流向收集管道，纳入农村生活污水管网，既满足村民需求，又维护了池塘水质。

资料来源：朱智翔、晏利扬：《池塘河边洗衣服也会污染水质　金华建生态洗衣房改变农村千年习俗》，《中国环境报》2017年10月16日，第06版。

 经验借鉴

近年来，随着浙江治水工作的不断深入，江河湖泊、沟渠池塘等水体水质明显改善，渐渐地群众沿河塘洗衣的传统行为，已成为影响治水成果的重要顽疾。浙江金华就对此开出了一剂"良药"——建设推广生态洗衣房，在当地引发一场农村洗衣革命，走出了一条精细化治水新路。金华治水经验如下：①生态洗衣房以方便群众、保护环境为目标宗旨，并且因地制宜建设，拥有多种模式。②强化保障，助推生态洗衣房建设应用，以建为基础，以用为关键。关于"建"，兰溪市大力加强对生态洗衣房建设的技术指导工作，组织开展建设运行验收。另外，从资金上给予各乡镇村支持，鼓励各地积极建设生态洗衣房。对于"用"，兰溪将生态洗衣房推广应用写入禁磷工作，在洗衣高峰时段，实行"一日一巡查"，引导村民充分利用生态洗衣房集中式洗衣取代传统洗衣。此外，兰溪市将生态洗衣、无磷洗涤等工作纳入村规民约，助推治水工作提标提速。③先在兰溪市试点先行，后在金华层层联动推广。兰溪市在取水蓄水、截污纳管、污水处理等设施完备并运行良好的云山、兰江、上华、水亭、黄店5个乡镇的6个村优先选点布局试点先行，并以此辐射覆盖全域。而金华市鼓励各地学习兰溪生态洗衣房建设经验，因地制宜、复制创新。通过市、县、乡三级联动，层层发动，积极推广基层治水实践创新成果。

四、一根白色 PVC 管引出一起污染案

 案例梗概

1. 临安区环保部门成功破获一起规避监管、偷排电镀废水的环境污染案件。
2. 监控发现疑点，迅速出击查真相。
3. 细节就是线索，全面排查找疑点。
4. 环保部门和公安部门联手，5个小时内快速准确侦破案件。
5. 浙江省正式启动环境执法与司法联动机制，临安区设立"公安驻环保警务室"。

关键词：电镀废水，环保，公安，案件侦破

 案例全文

　　电镀废水处理总是不达标，排放又怕被发现、处罚，怎么解决？浙江省杭州市临安区一家电镀企业要起了"小聪明"，将一根可移动的 PVC 管一头接在沉淀池，另一头伸入排放口后端，通过这根管子将电镀废水绕过污染源在线监控设备和标排口，直接排入污水处理厂管道。

法网恢恢，疏而不漏。2018 年 4 月，临安区环保部门在公安机关和污染源在线监控第三方技术服务公司的联动配合下，成功破获了这起规避监管、偷排电镀废水的环境污染案件。该企业 3 名涉案人员被依法刑拘。

监控发现疑点　迅速出击查真相

"临安环境监察大队，我们发现有一家电镀企业废水排放口有根白色管子。"案发当日，临安区环境监察大队接到污染源在线监控第三方技术服务公司的来电，称其公司技术人员在监控屏幕前浏览巡查全区污染源在线监控视频时发现，临安市恒通工贸有限公司污水排放口的监控画面中有一根白色的 PVC 管伸入企业排放口。

"电镀厂""污水排放口""管子"，这几个关键词的出现，一下子就触动了环境执法人员敏感的神经，"有私接暗管、规避监管偷排的嫌疑"。

于是，执法人员随即调看了临安市恒通工贸有限公司近段时间的在线监测数据和监控视频影像。

果然，如污染源在线监控第三方技术服务公司所说，在当日的监控视频中，真的发现有疑似用于偷排的白色管子，而且在线监测测出的流量和污染物浓度数据间也存在"猫腻"。

为彻底查清事实真相，防止企业继续偷排电镀废水污染环境，临安区环境监察大队立即展开调查处置。电镀企业作为重点污染源，一直是环境监管的重点，日常执法巡查、环境宣传、普法培训等，电镀企业都是环保部门的首站。

细节就是线索　全面排查找疑点

迅速行动，分工合作。由临安区环境监察大队有关负责人带队的执法调查组与污染源在线监控第三方技术服务公司联合联动，一边安排专人通过在线监控密切关注临安市恒通工贸有限公司排污口，一边派出执法调查人员潜行出击，赶赴现场调查。

一进企业大门，环境执法调查人员便直奔在线监控视频中出现白色 PVC 管的排污口查看。这时，白色管子不见了踪影。带着寻问题线索、找嫌疑证据的目的，执法调查人员对企业进行了全面排查，一边查一边询问企业操作工："生产怎么样？每天的水量是多少？废水是怎样一个处理流程……"听到操作工支支吾吾地回答，执法人员更觉事有蹊跷。

为防止打草惊蛇，导致证据灭失，执法调查人员不动声色地继续在这家企业生产车间里"转悠"。当走过排污管道排污口与污水处理厂管道连接处的窨井时，执法调查人员突然折回，掀开了窨井盖。窨井内管道连接处积存的污水和企业沉淀池里的废水颜色一致，均为蓝绿色，且混浊污秽，而排污口前部管道内积存的废水却清澈很多。由此，这家电镀厂利用移动暗管、逃避在线监控偷排废水的嫌疑被基本坐实。执法调查人员表示，由于电镀厂排放的废水基本都含有重金属污染物，根据"两高"司法解释，该企业偷排含重金属废水已涉嫌污染环境犯罪。

环保公安联手　5 个小时查清案件

事实基本摸清，证据需要锁定。鉴于此案的违法行为已触犯刑法，环境执法调查人员遂立即启动了环保、公安联动机制，会同临安公安机关现场调查取证、落地抓人。

案发当晚 8 时许，在临安昌化派出所公安民警赶到现场后，环保部门和公安部门随即兵分两路，联手办案。一路环境执法监测人员整理现场线索，理清企业污水处理流程，并第一时间对排放口窨井内的废水水样进行采集检测分析；另一路公安民警则从旁指导，协助配合环境执法监测人员进行现场调查取证。

5 个小时后的次日凌晨 1 时左右，环保部门完成了现场调查，并出具了企业排放废水的检测报告。报告显示：排污口窨井内的废水中总铬、总镍的实际排放浓度分别超过排放标准的 3320 倍、830 倍。确为偷排重金属超标废水，已触犯了《中华人民共和国刑法》第三百三十八条的规定。

据此，临安公安机关当即对企业法人孙某和操作工郑某、郭某实施了逮捕。3 人因涉嫌污染环境犯罪已被依法刑事拘留。此案能如此快速准确地侦破，得益于浙江环境执法与司法联动机制。

2017 年 8 月，浙江省正式启动了环境执法与司法联动机制，临安区也随即设立了"公安驻环保警务室"，如果环境违法案件可能涉刑，公安机关便会在第一时间介入，并全程协助查处锁定证据和抓捕相关责任人，快、严、准地查处环境违法涉刑案件。

资料来源：陈惠汾、朱智翔、晏利扬：《一根白色 PVC 管引出一起污染案　杭州市临安区环保、公安、在线监控技术服务公司三方联手查处电镀企业偷排案》，《中国环境报》2018 年 4 月 16 日，第 08 版。

经验借鉴

　　2018 年 4 月，临安区环保部门在公安机关和污染源在线监控第三方技术服务公司的联动配合下，成功破获了一起企业通过 PVC 管规避监管、偷排电镀废水的环境污染案件。破案经验如下：①监控发现疑点，迅速出击查真相。临安区环境监察大队在接到污染源在线监控第三方技术服务公司的来电报案后，随即调看了临安市恒通工贸有限公司近段时间的在线监测数据和监控视频影像。发现有疑似用于偷排的白色管子，而且在线监测测出的流量和污染物浓度数据间也存在"猫腻"。临安区环境监察大队立即展开调查处置。②细节就是线索，全面排查找疑点。由临安区环境监察大队有关负责人带队的执法调查组，与污染源在线监控第三方技术服务公司联合联动，一边安排专人通过在线监控密切关注临安市恒通工贸有限公司排污口，一边派出执法调查人员潜行出击，赶赴现场调查。最终，这家电镀厂利用移动暗管、逃避在线监控偷排废水的嫌疑被基本坐实。③环保、公安联手，5 个小时查清案件。鉴于此案的违法行为已触犯刑法，环境执法调查人员遂立即启动了环保、公安联动机制，会同临安公安机关现场调查取证、落地抓人。

五、80 米长暗管偷排德尔化工被抓现行

 案例梗概

1. 浙江省嘉兴海宁市德尔化工有限公司由于私设暗管偷排污水被查处。
2. 嘉兴市环境监察支队、市食品药品环境犯罪侦查支队、市环境监测站的执法人员实施突击检查。
3. 德尔化工明修栈道暗度陈仓，部分污水处理达标，稀释后排到总排口。
4. 相关部门严寒冷雨中通宵排查，呵护碧水蓝天，网民纷纷点赞叫好。

关键词： 偷排污水，执法人员，通宵排查，网民点赞

案例全文

含有重金属的污水，竟然通过长达 80 米的暗管汩汩地排出厂区。2018 年 1 月，浙江省嘉兴海宁市德尔化工有限公司（以下简称德尔化工）由于私设暗管偷排污水被查处。

两组按钮暗藏玄机：一红一绿控制偷排污水量

德尔化工位于海宁市盐仓连杭经济开发区，是一家专业生产酸性染料的企业。2017 年 8 月，环保部门在嘉兴市督察过程中，该区域因废气扰民被群众举报投诉，德尔化工也是被点名批评的企业之一。环境执法人员将其锁定为重点检查对象，经过多次踩点，大致摸清了企业的治污工艺流程，怀疑其私设暗管偷排污水。

2018 年 1 月 4 日晚上 20 时多，嘉兴市环境监察支队、市食品药品环境犯罪侦查支队、市环境监测站一行共十多人，不顾天寒地冻，来到德尔化工实施突击检查。

执法人员直奔污水泵站房，看到有人进来，水泵站房里面一位工作人员立即想按桌上的两组按钮，执法人员及时制止后发现，这一红一绿的按钮暗藏玄机。当按下其中一个按钮，不到 3 秒钟，排放口的水量明显加大，污水颜色变深。按钮关闭后，水流又恢复到起初的平稳状态。原来，这两组按钮控制着企业污水排放口水量的大小。

同时，执法人员发现，屋里还有一台电脑，显示屏里是 4 个角度的监控，其中一组对着企业外墙的阳光排污口，可以随时观察排污口和过往必经道路。监控设有报警装置，当有行人或者车辆等移动目标路过时，会报警提醒暗管排放操作人员。

经查问，这位工作人员道出了实情：正常处理好的水和没有处理的水通过水泵混合在一起进行排放。

在厂区一处的休息室里，执法人员控制了这家企业的环保负责人，这家企业老板也赶到现场配合调查。"我不是全部排放到外面，就是来不及的情况下，经过暗管投机排出去的。"被抓到了现行，企业环保负责人吕某还在狡辩。执法人员对排污口水质、排污池水质进行取样分析，并将企业负责人及环保负责人带走配合调查。

明修栈道暗度陈仓：部分处理达标，稀释后排到总排口

在漆黑的夜幕中，执法人员顶着斜风细雨通宵排查。第二天上午 8 时多，在德尔化工有限公司的围墙外，执法人员挖出一根暗管，证实了之前推断。据这家企业环保负责人交代，企业在 2007 年厂房重建施工时，私自铺设了这根暗管。也就是说，这种私设暗管的行为已经长达 10 年。

原来，企业有个总排污口，排污管道里的水经过前期处理，达到排放标准。除了这根正常的排污管外，还有一根偷排暗管。这根长约 80 米、直径约 20 厘米的暗管从企业厂区内的污水设施接出，绕过治污设施和在线监测设备，延伸到厂区外的排污口，未经处理的污水通过这根暗管流向了污水管网，成为企业私设暗管偷排污水的确凿证据。

"在靠近污水排放口的地方有一个三通，这个三通一根管道是正常的，另外一根管道是接过来的，通往前面一个控制阀门，开启的时候这根管道就会排水，水的来源是还没有经过生化处理的废水。"执法人员介绍说，执法部门已于当日对这家企业私自偷埋的暗管依法进行了拆除。

在进一步检查中，执法人员发现德尔化工又一个违法排污行为。企业在生产过程中产生的污水，经部分处理后，排到预处理池、调整池和生化池，在每个池中分别注入部分河水，进行稀释后再排到围墙外的污水总排口，这也是一种严重的环境违法行为。

据在该企业现场采集的污水样本检测结果数据显示，化学需氧量（COD）、氨氮以及苯胺类 3 项指标严重超标，其中 COD 超标近 7 倍，氨氮超标 1 倍多，苯胺类超标接近 12 倍，这家企业的行为已构成环境污染犯罪。结合执法调查组前期掌握的情况，这家企业涉嫌采用私设暗管等方式偷排污水，用注水干扰等方式导致在线监测数据不正常。企业总经理、副总经理、环保负责人已经被刑事拘留，另有 3 名操作工被取保候审。

网民纷纷点赞叫好：严寒冷雨中通宵排查，呵护碧水蓝天

"守护生态，守护绿色家园，环保人用忠诚践行着党的十九大精神"，"看到里面的图片，执法人员眼睛上都是雨水，再想想现在的气温，由衷感到敬佩，谢谢你们"，"为呵护嘉兴蓝天碧水的环保卫士和公安干警们点赞，希望全市的企业在为社会创造财富的同时，也要履行好企业的社会责任，切勿心存侥幸，不要成为被法律惩治、遭社会谴责、受业内嫌弃的'群殴'对象"。

该案件查处后，原嘉兴市环保局官方微信公众号"嘉兴环保"第一时间将案情公布，偷排污水行为被网民"围殴"之外，网民也为环保卫士纷纷点赞叫好。

此次行动是新修订的《中华人民共和国水污染防治法》开始实施后嘉兴市查处的首起违法案件，彰显了环保部门严格执法的决心。同济大学环境学院教授、嘉兴同济环境研究院常务副院长孟祥周表示，一些企业在保护环境的问题上口是心非，采用一些暗度陈仓的方式，企图掩盖其偷排的违法事实，实则是一种侥幸心理、短视行为。如若不及时整改，不树立正确的环境保护意识，不执行有效的污染治理措施，其发展前景也必将暗无天日。

资料来源：蔡华晨、王雯、晏利扬：《一根 80 米长的暗管，绕过治污设施和监测设备，且私设长达十年海宁德尔化工偷排被抓现行》，《中国环境报》2018 年 1 月 16 日，第 08 版。

 经验借鉴

2018 年 1 月，浙江省嘉兴海宁市德尔化工有限公司由于私设暗管偷排污水被查处。嘉兴市环保部门处理该案件的经验如下：①锁定重点检查对象，摸清企业治疗工艺流程。环境执法人员发现该企业利用一红一绿的按钮控制着企业污水排放口水量的大小。同时用监控随时观察排污口和过往必经道路，监控设有报警装置，当有行人或者车辆等移动目标路过时，会报警提醒暗管排放操作人员。②仔细检查现场，严格执法。在德尔化工有限公司的围墙外，执法人员挖出一根偷排暗管，证实了之前推断，而这种私设暗管的行为已经长达 10 年。执法部门已于当日对这家企业私自偷埋的暗管依法进行了拆除，执法人员对排污口水质、排污池水质进行取样分析，并将企业负责人及环保负责人带走配合调查。在进一步检查中，执法人员发现德尔化工又一起严重的环境违法行为。企业在生产过程中产生的污水，经部分处理后，排到预处理池、调整池和生化池分别用河水稀释后再排到围墙外的污水总排口。据在该企业现场采集的污水样本检测结果数据显示，这家企业的行为已构成环境污染犯罪。该企业总经理、副总经理、环保负责人已经被刑事拘留，另有 3 名操作工被取保候审。③及时公布案情。该案件查处后，嘉兴市环保局官方微信公众号"嘉兴环保"第一时间将案情公布，网友谴责偷排污水行为，同时为环保卫士纷纷点赞叫好。

六、截污纳管　保运河水质

 案例梗概

1. 改善运河的水质，首先是截污。
2. 德胜巷98号支弄实施截污纳管改造，以前最怕下雨天，现在改得很体面。
3. 城北万吨污水不再流入运河。
4. 新建小区阳台上同时安装雨污管道，从源头上避免雨污不分。

关键词：截污纳管，安装雨污管道，污水排放许可证，长效管理

 案例全文

没人能忽略运河的沧桑秀美，但对拱墅区城管局而言，最牵挂的仍是运河的水质。

改善运河的水质　首要任务是截污

2012年初，拱墅区城管局委托浙江省测绘大队对全区污染源进行了实地调查，结果发现，85%污染来自生活污水。拱墅区通过截污纳管，让生活污水不再流入运河。

拱墅区政府率先制定了《拱墅区截污纳管清洁水体专项行动方案》（以下简称《方案》）。《方案》以截污纳管工程推动拱墅区运河水质全面改善为目标，全面改善拱墅区水环境，实现天蓝、地绿、水清。

德胜巷98号支弄：以前最怕下雨天，现在改得很体面

德胜巷98号支弄，位于德胜巷的西侧、胜利河的东侧，离胜利河美食街步行500米左右。这里的路面原本坑坑洼洼，一到下雨天，积水深时没过了单元门。

截污纳管改造，挖除了原有路面，埋设雨污水管网；门前铺装部分，重

新做了水泥硬化，并翻新了小区内地下老化管网。

城北万吨污水不再流入运河

拱墅区上塘河以西、姚家坝河以北，分布着浙江大学城市学院、浙江树人大学、杭州艺术学校、杭州之江专修学院、杭州源清中学等各类大中专学校。以往，这个区域的污水大多排向周边的红建河、电厂热水河，最终流向运河，严重影响拱墅区运河出境水质。

2012 年 9 月，专供这片区域污水排放的湖州街污水管网开通，在杭州市城管委和拱墅区政府、下城区政府的共同努力下，与下城区重工路的污水管网顺利贯通，近万吨污水经此可流向七格污水处理厂，不再每天流入运河。

新建小区阳台上同时安装雨污管道

对新建住宅小区，杭州市城管委市政设施监管中心排水科委托新建住宅小区，在阳台外墙除了安装雨水管道，也要安装污水管道，从源头上避免雨污不分。另外，企事业单位如进行污水排放，要申请《污水排放许可证》。湖州街的雨污管网建好后，作为杭州市污水排放首个试点道路，湖州街上 58 家企事业单位都已陆续办好《污水排放许可证》。如果一些企业拒不办理排放许可证或私自搭建污水管道，将被处以 2000 元以上、20000 元以下的罚款。

老旧小区，由于实际住房面积小，很多家庭都把洗衣机放在了阳台上。在此次的截污纳管工程中，拱墅区考虑将对阳台水进行截流，并落实相关的长效管理举措。

资料来源：胡秀清、温天禄：《城北万吨污水不再流入运河》，《都市快报》2012 年 11 月 27 日，第 A06 版。

 经验借鉴

拱墅区城管局为改善运河的水质，做出了极大的努力，取得了良好的成效。其治水经验如下：①截污，让生活污水不再流入运河。拱墅区政府率先制定了《拱墅区截污纳管清洁水体专项行动方案》，以截污纳管工程推动拱墅区运河水质全面改善为目标，全面改善拱墅区水环境，实现天蓝、地绿、水清。德胜巷 98 号支弄，以前最怕下雨天，在雨污实施分流后，既解决了污水排放问题，又看起来很体面。②让城北万吨污水不再流入运河。拱墅区上塘河以西、姚家坝河以北的污水大多排向周边的红建河、电厂热水河，最终流向运河，严重影响拱墅区运河出境水质。2012年9月，专供这片区域污水排放的湖州街污水管网开通，在杭州市城管委和拱墅区政府、下城区政府的共同努力下，与下城区重工路的污水管网顺利贯通，近万吨污水经此可流向七格污水处理厂，不再每天流入运河。③新建小区阳台上同时安装雨污管道，从源头上避免雨污不分。另外，企事业单位如进行污水排放，要申请《污水排放许可证》。

七、低碳城市节水为先
——嘉兴创建国家节水型城市纪实

 案例梗概

1. 嘉兴全面启动了国家节水型城市创建。
2. 集腋成裘，从点滴做起，加大节水投入，养成居民节水习惯。
3. 大力推进科技节水，重视污水回用、再生水利用。
4. 抓好污水治理，加强水源地保护，严格控制地下水开采。

关键词：浙江嘉兴，节水型城市，集腋成裘，科技节水，水源保护

案例全文

境内河网密布，城市依水而建，嘉兴因水而充满灵性。在外人看来，嘉兴并不缺水，但事实上，嘉兴是水源性和水质性双重缺水的城市。

面对"水荒"的切肤之痛，2008年，嘉兴全面启动了国家节水型城市创建，至今各项技术指标达到考核要求，节水意识渗透到城市生活的每一个角落，水环境质量也明显改善。嘉兴浇灌绿地和喷洒道路全部改用河水，开创性节水新举措频出；工业废水排放达标率达到100%，水源保护力度不断加大。

集腋成裘首先要从点滴做起。嘉兴市虽然地处江南水乡，但面临着水源

性和水质性缺水的双重制约。解决好水的问题在嘉兴显得尤为迫切。1998 年，市委、市政府就提出创建节水型城市，2008 年正式提出到 2010 年把嘉兴建成国家节水型城市的目标，并将此作为新一轮"五城联创"的重要内容。节水型城市创建成为打造低碳生态宜居嘉兴的重要载体。在对全市水资源和用水状况进行调查、分析的基础上，针对城乡用水发展现状及存在的问题，嘉兴制定和编制了创建实施方案以及《嘉兴市市区节水中长期规划》等，并加大节水投入。

节水型小区创建将市民的创建激情转换为日常的节水习惯。2008 年文昌社区文昌里小区成为市区首个节水型小区，截至 2010 年 12 月，嘉兴建成节水型小区 16 个。家住电子社区中兴苑的蔡阿姨，家里有一个专门积攒废水的水桶，她说："我家现在把洗衣服的水、淘米水等收集到这个桶里，用来拖地、浇花、冲马桶，节水效果非常明显，半年的用水量不到 20 吨。"据介绍，这些节水型小区居民的月人均用水量只有两吨多，大大低于市区月人均用水量的 4.5 吨。

利用科技节，彰显水魅力。大力推进科技节水是嘉兴创建国家节水型城市的一个亮点。通过建立节水专项财政投入制度加大对科技节水的扶持，重点扶持了印染、造纸中水回用、地下水限采、节水降耗等节水科技项目。企事业单位也加大了在节水设施和节水技改方面的投入力度，例如，用水大户民丰特种纸股份有限公司累计投资 2000 多万元，通过节水技改，产品吨耗水量由 2002 年的 138.1 立方米，降至 2009 年的 24.2 立方米。

在坚持科技节水的同时，嘉兴还重视污水回用、再生水利用，印发了《关于再生水价格管理等有关问题的通知》，鼓励企业和住宅小区利用再生水，提高非常规水资源的替代率。例如，禾欣可乐丽超纤皮（嘉兴）有限公司加工车间采用废蒸汽回收等节水减排综合技术，基本实现生产取用新水零耗用等目标。另外，2009 年市区新建 10 座园林、环卫河道用水取水口，在全省率先实现浇灌绿地和喷洒道路全部改用河水，一年可替代自来水 400 多万吨。

正所谓"流水清如许，源头活水来"。抓好污水治理是保护水资源、改善水环境、解决水质性缺水的根本途径。嘉兴以铁心减排、铁腕治污、铁面执法的决心和手段，强力推进污水治理和水资源保护。从 1998 年开始，市政府先后投入 26.6 亿元，在全市开展以万里清水河道工程为主要内容的河道整治，并建成了覆盖嘉兴市区和 3 个县（市）的联合污水处理工程。2008 年嘉兴市各县（市、区）及乡镇又投资 13 亿元，提前完成全市建制镇污水设施工程，在全省率先实现镇级污水设施全覆盖。2009 年城市污水处理率达到83.53%，比 2008 年提高 4.76 个百分点，工业废水排放达标率为 100%。

为加强水源地保护，在中科院专家的技术指导下，嘉兴市在清淤、绿化、筑闸、构建双水源的同时，2008 年投资 6034 万元，依托国家重大水专项示范工程，在市区石臼漾水厂水源地建成了 2.59 平方公里的生态湿地。2009 年嘉兴市投资 2.06 亿元（不包括征地拆迁），启动了南郊贯泾港水厂水源地 2.98平方公里的生态湿地建设。

严格控制地下水开采是嘉兴保护水资源的又一途径，先后出台了《嘉兴市区深井管理办法》等规范性文件，对所有深井一律实行限量开采，并征收水资源费，实行取水许可和开采回灌制度。嘉兴还对使用地下水企业实行卫星定位和建档管理，进一步推进地下水限采禁采工作。地下水年开采量由1996 年的 1.5 亿吨，下降到 2009 年的 21 万吨，有效控制了地面沉降。

资料来源： 徐行翔：《低碳城市节水为先》，《嘉兴日报》2010 年 12 月 23日，第 03 版。

 经验借鉴

嘉兴市虽然地处江南水乡，但面临着水源性和水质性缺水的双重制约，在嘉兴，解决好水的问题显得尤为迫切。面对"水荒"的切肤之痛，嘉兴市提出开创性节水新举措，加大水源保护力度。2008 年，嘉兴全面启动了国家节水型城市创建，至今各项技术指标达到考核要求，节水意识渗透到城市生活的每一个角落，水环境质量也明显改善。嘉兴市治理水源水质问题的经验如下：①集腋成裘点滴做起。嘉兴制定和编制了创建实施方案以及《嘉兴市市区节水中长期规划》等，并加大节水投入。同时创建节水型小区，将市民的创建激情转换为日常的节水习惯。②彰显科技节水魅力。嘉兴市通过建立节水专项财政投入制度加大对科技节水的扶持，重点扶持了印染、造纸中水回用、地下水限采、节水降耗等节水科技项目。企事业单位也加大了在节水设施和节水技改方面的投入力度。在坚持科技节水的同时，嘉兴还重视污水回用、再生水利用，鼓励企业和住宅小区利用再生水，提高非常规水资源的替代率。另外，在全省率先实现浇灌绿地和喷洒道路全部改用河水，一年可替代自来水 400 多万吨。③抓好污水治理。嘉兴以铁心减排、铁腕治污、铁面执法的决心和手段，强力推进污水治理和水资源保护，同时支持生态湿地建设，严格控制地下水开采。

八、建设海绵城市

案例梗概

1. 宁波市政协十五届五次会议召开，海绵城市建设成为会议焦点。
2. 宁波海绵城市建设存在"雨水利用率还不到2%，奖励和补偿机制也太少"等问题。
3. 宁波海绵城市建设鼓励从社区发展，居民自建雨水回收系统。

关键词：浙江宁波，海绵城市建设，雨水利用，因地制宜

案例全文

一遇暴雨就成了"汪洋泽国"，这几乎成了不少城市的痛。如果城市像海绵，涝时吸水，旱时"吐"水，那么不久的将来，"城中看海"或将不见。

2016年2月21日，市政协十五届五次会议召开，市政协收到的委员提案中，海绵城市建设成了不少委员关注的焦点，4件提案主题都与其有关。

宁波水资源的现状是降水量不少，但水资源还是短缺。根据民革宁波市委会的调研，宁波属典型的亚热带季风气候，雨量较为充沛，近十年市区年均降雨量约1500毫米，但存在汛期降雨量集中的现象，4~9月降雨量就占全年的70%，汛期易产生洪涝等灾害。2012年台风"海葵"，造成全市143.2万人受灾；2013年台风"菲特"，造成全市137.5万人受灾等。

看似降水量充沛，但宁波属于实打实的水资源短缺地区，多年人均水资源占有量只有浙江省人均水平的60%，全国人均水平的55%。因此，海绵城市建设对宁波这样降水量充沛，却又资源型、水质型缺水的城市具有更加重要的意义。

海绵城市，顾名思义，就是能够像海绵一样吸水、蓄水、释水的城市。这是新一代城市雨洪管理概念，也可称为"水弹性城市"，国际通用术语为

"低影响开发雨水系统构建"。具体来说，就是下雨时吸水、蓄水、渗水、净水，需要时将蓄存的水"释放"并加以利用。目前宁波在"海绵城市"建设中已取得一定成效。比如，江北慈城新区建成海绵道路、"下沉式"绿化带，中心排涝湖，对雨水径流污染进行净化回收利用；东部新城生态走廊综合了地形、水文和植被等特点，构建了一条长约3.3公里的"水体过滤器"，形成了可持续的生态基质。

宁波水资源的问题是雨水利用率还不到2%，奖励和补偿机制也太少。农工党宁波市委会提出，宁波海绵城市建设存在三方面问题，缺乏以"海绵城市"建设为理念的系统性规划；缺乏设计指导和建设标准；"海绵城市"建设模式尚未全面展开。

民革宁波市委会的委员也认为，宁波雨水利用率较低，根据《宁波市水资源公告》，2014年宁波污水处理回用量及雨水利用量为0.32亿立方米，只占全市供水量的1.4%。市政府对海绵城市建设缺乏有效的奖励和补偿机制，社会公众对雨水回收利用的积极性不高，非政府投资项目进行雨水回收的不多。该委员建议海绵城市建设可先从社区发展，居民自建雨水回收系统应鼓励。

委员们建议，"全面启动宁波城塘河的综合整治，发挥其蓄滞雨水作用，恢复其生态功能，保护和修复好宁波中心城的天然'海绵体'。"保护既有"海绵体"很重要，如慈城新城、新三江口公园等自然水系都是很好的"海绵体"，政府要制定措施保证它们不受开发活动的影响。

委员们还提出，应因地制宜构建城市中新的"海绵体"，比如在小区中设计建设一些微型湿地和蓄水空间，并将储蓄的雨水通过简单处理后用于小区绿化养护、冲马桶、洗车等，建设"海绵社区"。另外，建立"海绵城市"建设奖励及惩罚机制，对建设项目配套建设雨水利用设施的，给予如补助金、奖金、预售提前奖励等各种奖励措施。

资料来源：段琼蕾、邵巧宏：《建议海绵城市先从社区做起　鼓励居民自建雨水回收系统》，《钱江晚报》2016年2月22日，第n0003版。

 经验借鉴

宁波市政协十五届五次会议召开，在市政协收到的委员提案中，海绵城市建设成了不少委员关注的焦点。针对宁波建设海绵城市问题，委员们提出以下建议：①先从建设"海绵社区"开始。因地制宜地在小区中设计建设一些微型湿地和蓄水空间，并将储蓄的雨水通过简单处理后用于生活作业，建设"海绵社区"。②建立针对居民的奖惩机制。对居民自建雨水回收系统给予相应的鼓励，建立"海绵城市"建设的奖励及惩罚机制。③全民启动宁波城塘河等自然水系的综合整治，恢复其生态功能。政府要制定措施保证它们不受开发活动的影响，发挥其蓄滞雨水的作用。

九、秀洲开创农村生活污水处理新模式

 案例梗概

1. 嘉兴市秀洲区坚持开展农村生活污水治理工作，实现建设、运行、维护一体化。
2. 秀洲区为设计单位、主要管材、化粪池改造三项实现区级统一，为 BOT 模式招标打好基础。
3. 采用 BOT 模式治理农村生活污水项目，设门槛实行建管一体。
4. 王江泾镇强化监督，多重保障污水治理成果。

关键词：浙江嘉兴秀洲，农村污水，创新投融，建管一体

 案例全文

农村污水已成为一个不容忽视的问题，地区分散，人口数量较大，收集难等原因是造成农村生活污水治理难度大的主要因素。目前，我国农村供水安全堪忧、污染物排放逐年增加、污水处理覆盖率远低于城镇。

未来中国污水处理的主战场一定是在农村。近年来，在农村饮水安全、污水处理等领域，国家政策扶持和资金支持力度持续加大，农村污水处理也迎来"新的机遇与挑战"。村镇污水处理不只是依赖技术本身，应依赖于商业模式；不能仅仅依靠市场化，而应以政府为主导。

2014 年以来，嘉兴市秀洲区将农村生活污水治理工作列入十大民生实事工程。作为一个新课题，秀洲区不断探索治理和运维模式，针对政府资金投

入大、工程质量监管难度高、工程后期运维困难多等问题，不断开拓思路，对农村生活污水治理采用 BOT 招标，通过统一建设、运维，5 年回购，10 年运维的模式，实现了建设、运行、维护一体化。

首先，要以三个"统一"稳固布局。根据浙江省农办下达受益村 90%，受益农户 70%，三年共治理 4.1 万户的任务，2015 年秀洲区已完成 20977 户治理任务。秀洲区对设计单位、主要管材、化粪池改造三项实现区级统一，为 BOT 模式招标打好基础。

统一设计单位，对设计费率（3% 以下）和单户最高投资（1.2 万元）进行"双限"招标，招标完成 6 家设计公司。秀洲区规划纳管集中处理率达到 61%，大大降低了成本。统一主要管材，采用区级统一供应，各主体申领模式，招标前收集和明确管材限高价，招标中对管材主要指标提出要求，招标完成 3 家管材供应商。统一化粪池改造，根据农户实际居住人口，统一核定化粪池容量，并实行统一改造，既确保了纳污到位又避免了容量过大浪费。

"在严格统一，控制三项成本的前提下，BOT 模式很大程度上缓解了乡镇建设资金压力。"秀洲区农办副主任沈海泉说。秀洲区三年总任务 4.1 万户，按户均投资 1.2 万元测算，三年总投入约 5 亿元，乡镇的投入约占工程的总投资的 40%，约 2 亿元，资金压力相当大。采用 BOT 模式后，分五年回购，资金回报率为五年期贷款基准利率上浮 30% 以下，有效缓解了镇一级财政短期支付的压力。

对政府而言，BOT 模式不仅可促进项目早日开工，满足社会与公众需求，而且引进社会资本，保证政府其他融资渠道不被占用，也降低了政府对农村生活污水治理工程建设监管的难度及复杂性，秀洲区农村污水处理，开创了我国农村生活污水处理的新模式。

"三个统一"的要求下，投标的企业同时须具备三项条件：具备相关资质，同时具有环保工程、市政公用工程施工总承包以及环境污染治理设施运营等资质；具备建管经验，相关工程建设和运维经验；具备生产基地，有自己的终端设备生产企业，确保了中标单位具有一定的施工建设和后续运维管理能力。

其次，应当设门槛实行建管一体。嘉兴市秀洲区采用的 BOT 模式治理农村生活污水项目，将使近 2.5 万户农户直接受益。该项目由浙江爱迪曼环保科技股份有限公司负责从农户接户工程—化粪池建设—厨房隔油池建设—管道收集建设—处理终端设备建设—后期运行维护的整体打包建设。

"只有把管网建设养护和终端运维管理统一由一家主体负责，才能避免推诿、扯皮，确保治污系统运行高效。"秀洲区农办副主任沈海泉介绍道。传统意义上讲的运维管理模式多样，有统一发包第三方运维、村级运维和施工方运维等，且大多停留在终端的运行管理，经过试点项目实际运行情况总结，运维是整个治污系统的正常运行的关键。

浙江爱迪曼环保科技股份有限公司成立于 2006 年 4 月，注册资本 2000 万元，历年来被评为"浙江省科技型中小企业""国家高新技术企业"等，在污水处理技术方面已获得 2 项国家创新基金，开发了水技术处理省级产品 10 余项，拥有自主知识产权 30 余项，其中发明专利 6 项，是集农村生活污水治理设计、施工、运营维护为一体的综合性服务商。

考虑到农村污水具有量多、面广、较分散；单点污水水量规模小；水量和水质的波动大等特点，该项目采用分散处理与集中处理相结合的模式。对于农居相对密集的农户，污水经化粪池停留后，经管网进入一体式处理终端就地处理，部分对于城镇、工业喷水织机污水管网覆盖 500 米范围内采用集中收集接入污水管网处理，污水处理主要采取 A20 的工艺，该工艺占地面积小，运行费用低，适合本地农村环境。

项目后期运行维护将采用"互联网+"的模式，利用物联网、户台加人工的模式对农村生活污水处理的处理站点进行实时监控，建立污水收集处理自动报信系统，将水量、电量、风机、水泵等运行情况发送至相关管理人员，做到全天候监控管网运行情况，及时发现和处理问题。提高维护效率，减少运维管理人员，及时对事故预警做出反应，有效减少运营成本。

最后，应强化监督多重保障成果。众所周知，早些年王江泾镇由于千家万户喷水织机废水、居民生活污水和内河大包围圈长年关闸等多种原因，河道水体遭受严重污染，黑河臭、河垃圾河比比皆是，当地居民生产生活深受影响，对此颇有怨言。王江泾镇因为科学治水而入选 2014"治水美镇·浙江样本"50 强。

王江泾镇区域面积 127 平方公里，地势低洼，河网密布，共有河道 362 条、312 公里，水域面积约占 1/5。2015 年，王江泾镇狠抓源头治理，在农村生活污水治理 BOT 模式上，投资 7000 万元，开工建设 5412 户，完成区下达任务数的 108%，进度列全区第一。

"全镇 362 条河道实现河长全覆盖，并明确河长主体责任、属地监督责任，推行网格化监管模式。"王江泾相关负责人，王江泾在全市率先推行"全域河长制"并得到推广。

"互联网+全民河长"机制又是王江泾的一大创新监督方式。线上建立王江泾治水微信公众号，开通手机监督举报等功能；线下设置河道公示牌 418 块，公开河道相关信息及微信二维码。微信公众号开通以来，已有关注量 10000 余人，累计收到群众反映的各类问题 23 个，解决满意率达到 100%。

运河是世界非物质文化遗产，由于上游江苏水域随水流源源不断的水葫芦和水草杂物漂入王江泾区域的苏嘉运河（秀洲段），为攻克大难题，在上游水葫芦主入口外在确保航道正常通航的前提下，王江泾在麻溪港采取拦截反冲、打捞输送、循环利用集为一体的"机器换人"源头控制措施。

资料来源：徐超：《秀洲开创农村生活污水处理新模式》，《钱江晚报》2016 年 2 月 5 日，第 z0001 版。

 经验借鉴

农村污水已成为一个不容忽视的问题。嘉兴市秀洲区将农村生活污水治理工作列入十大民生实事工程，对农村生活污水治理采用 BOT 招标，通过统一建设、运维，5 年回购，10 年运维的模式，实现了建设、运行、维护一体化，开创了农村生活污水处理新模式。秀洲区对污水的治理经验如下：①三个"统一"稳固布局。秀洲区对设计单位、主要管材、化粪池改造三项实现区级统一，为 BOT 模式招标打好基础。"三个统一"的要求下，投标的企业同时需具备三项条件：相关资质，建管经验，以及生产基地。这也确保了中标单位具有一定的施工建设和后续运维管理能力。②设门槛实行建管一体。秀洲区目前采用的 BOT 模式治理农村生活污水项目，由浙江爱迪曼环保科技股份有限公司负责，实行整体打包建设。针对农村污水特点，该项目采用分散处理与集中处理相结合的模式。污水处理主要采取 A2O 的工艺，该工艺占地面积小，运行费用低，适合本地农村环境。项目后期运行维护将采用"互联网+"的模式。提高维护效率，减少运维管理人员，及时对事故预警做出反应，有效减少运营成本。③强化监督多重保障成果。早些年王江泾镇河道水体遭受严重污染，王江泾镇狠抓源头治理，在麻溪港采取集拦截反冲、打捞输送、循环利用为一体的"机器换人"源头控制措施。运用农村生活污水治理 BOT 模式，并在全市率先推行"全域河长制"。同时运用"互联网+全民河长"的创新监督方式。线上与线下双线监督,达到良好监督效果。

十、杭州主城区老旧小区启动雨污分流改造

 案例梗概

1. 杭州老城区雨污分流工作困难,截流井无法完全截污,雨污合流,水质改善遇困。
2. 实行截污到户,从源头上管控污水。
3. 进行管网改造,减少对居民生活的影响,彰显城市温度。

关键词:杭州老城区,雨污分道,管道改造

 案例全文

城市的排水管网,应该如人的血脉一样,各行其道。雨污分流,不仅可以为城市河道减少污染,还能提高污水收集率和处理质量。然而,在现有的城市建设中,雨污合流系统仍然居多,杭州老城区便是如此。2017年,为全面剿灭劣V类水,杭州老城区揭开了雨污分流改造的大幕。在这场改造行动中,杭州不仅探索了更智慧的雨污分流办法,还推行了更具城市温度的改造方案。一场围绕水环境提升的行动,让此间的居民生活更美好。

杭州老城区原先实行雨污合流,水质改善遇到困难。中东河,纵贯杭州老城区,是杭城百姓家门口的河。经过多年整治,中东河水质已经逐渐变好。但是,细心的人们发现,河水水质会在大雨后变差。这其实与老城区的排水系统息息相关。

城市排水体系有合流制和分流制。我国大多数城市的排水体系,采用的都是合流制,即污水和雨水进入一根管道,最终被输送至污水处理厂。

合流制弊端明显,一些城市开始筹划雨污分流改造。然而,在老城区重建排水系统,难度可想而知。因此,杭州老城区的雨污分流改造,一直是统筹稳妥推进。2000~2017年,杭州结合道路整治、背街小巷改造、"城中村"改造等,不断推进截污纳管,向着污染源头,铺设污水管道。

2015 年，从拱墅区开始，杭州全面推广晴天"污水零直排"。在老旧城区无法"大动干戈"重建排水系统的前提下，设置截流井既经济，效果又好，被大量采用。晴天时，污水流至截流井后，会被井内堰墙挡住，直接走污水管道进入污水处理厂。雨天时，雨水和污水混流，量小时，继续经过污水管流向污水处理厂；量大时，水则漫过堰墙排入河道。

如今，杭州市区主要河道，如中东河两岸，密集埋设着截流井。"经初步调查，下城区中东河沿线共有雨水排出口 55 个，沿河共设置截流井 16 个。"下城区治水办相关负责人说，由于截流井无法完全截污，中东河水质始终处于"晴天水质不错，雨天可能变差"的状态。

雨污不分流，也意味着给污水处理厂徒增压力。据了解，杭州主城区的 4 个污水处理厂雨天总是满负荷运转。杭州市通过加装限流板孔、增设格栅等措施改造截流井，大大降低雨水涌入污水管网。

截污到户，从源头管控污水。设置截流井不是治本之法，怎样让雨水和污水各行其道？下城区和拱墅区不约而同地选择试点精细化截污纳管，从"管住每个污水口"到"管到每户居民"。然而，老旧小区地下管网大多经多次铺设，再加上居民私接、错接管道较多，想要彻底转变并不容易。

为此，拱墅区对试点小区进行了逐户勘查。每户人家、每幢房子的污水管是怎样连接的，污水去往哪里，工作人员都摸得一清二楚。在此基础上，拱墅区开始了对老旧小区污水管网的彻底改造——整改私接、错接的管道；对缺少污水收纳设施的楼房，新建沉淀池，并将新建污水管道统一接入市政污水管网。

下城区潮鸣苑也进行了雨污分流改造。负责改造的下城区市政园林工程公司朱雪龙说，他们重新铺设该小区内的污水管和雨水管，实现彻底分流。建筑外墙上可做雨水立管的，就安装雨水立管；不具备条件的，则在地面上安装"雨污分流器"；污水管网多的地方，则做"沉淀池"。

在潮鸣苑一幢房子前，长方体的新型雨污分流装置安装在管道末端的地面上。装置的工作原理类似家中的抽水马桶：晴天时，浮球沉下，出水格中的污水口打开，污水通过管道进入污水处理厂；雨量大时，浮球升起，关闭污水口，雨水经雨水口排出。

让污水走污水管，雨水走雨水管，将污水、雨水从源头分开，可以解决下雨天污水溢流的现象。今后，无论晴天、雨天，河道水质都能保持稳定。下城区于 2017 年 4 月底启动第一批雨污分流工程，涉及潮鸣、长庆 16 个住宅小区，投资 3830 万元。截至 2017 年 5 月，拱墅区完成了荷花塘小区、阔板桥社区及半山路沿线区域等 3000 多户的精细化雨污分流改造。

管网改造，更彰显了城市温度。要进行雨污分流改造，就要将城市道路"开膛破肚"，施工势必影响百姓出行，还会产生粉尘、噪声，影响居民生活。怎样得到居民的理解和支持？下城区将雨污分流工作与其他民生项目统筹推进，提升老旧小区的品质。细节之处见温度。下城区争取用"最好的质量、最快的速度"换来对居民"最小的影响"，他们主动联系自来水公司、煤气公司等一起埋管，实现"一次开挖，集体埋管"，避免多次开挖道路给居民造成不便。

资料来源：徐杭、汤臻、陈雁岚：《雨水污水，如何"各行其道"》，《浙江日报》2017 年 5 月 31 日，第 00007 版。

 经验借鉴

杭州老城区历来实行雨污分流。2017 年，为全面剿灭劣 V 类水，杭州老城区开始雨污分流改造，探索了更智慧的雨污分流办法，推行了更具城市温度的改造方案。杭州雨污分流改造经验如下：①截污到户，源头管控污水。为了让雨水和污水各行其道，下城区和拱墅区选择试点精细化截污纳管。然而，老旧小区状况复杂，难以彻底转变。为此，拱墅区对试点小区进行了逐户勘查，并在此基础上，开始了对老旧小区污水管网的彻底改造。下城区潮鸣苑也在进行雨污分流改造。将污水、雨水从源头分开，可以解决下雨天污水溢流的现象。②管网改造，彰显城市温度。雨污分流改造的施工势必影响百姓出行，影响居民生活。为了得到居民的理解和支持，下城区将雨污分流工作与其他民生项目统筹推进，提升老旧小区的品质。争取用"最好的质量、最快的速度"换来对居民"最小的影响"。一次雨污分流的改造工程，让城市管理更精细，让城市生活更有温度。

本篇启发思考题

1. 杭州下城区的井长制取得了哪些实际效果？
2. 根据本篇案例，厨余废水的出路在哪里？
3. 嘉兴的雨污分离是如何实现的？

4. 兰溪的生态洗衣房是如何在金华市推广的？

5. 浙江省各个城市对偷排污水的现象采取了哪些措施？

6. 嘉兴市为水源保护和城市节水采取了哪些措施？

7. 解决水质性缺水的根本途径是什么？

8. 什么是海绵城市？海绵城市建设有什么积极意义？

9. 农村生活污水治理的 BOT 模式有哪些要点？

10. 拱墅区城管局为改善运河的水质，做出了哪些努力？

第四篇

技术创新与产业转型

一、建德以治水拆违倒逼产业转型升级

 案例梗概

1. 建立"五位一体"运维管理体系，推行专业环保公司和"专业公司+镇村"运维模式，形成转型升级倒逼机制。
2. 坚持标本兼治，堵疏结合，引导养殖户进行生态化改造，转型从事其他生态项目，形成"第六产业"集群发展模式。
3. 对传统产业建立效绩倒逼机制，引导现有企业招商引资，促进发展动能转换，打造经济转型升级的新引擎。

关键词："五位一体"，"第六产业"集群，"专业公司+镇村"，经济转型升级

案例全文

浙江省建德市委、市政府近年来精准打好转型升级系列组合拳，坚持抓整治和抓发展"两手抓、两手硬、两促进"，治出了生态环境新面貌，走出了"绿水青山就是金山银山"的发展路子。

2014年，建德市捧得首批"五水共治"工作优秀县（市、区）"大禹鼎"，被评为省"无违建县（市、区）"创建工作先进集体；2015年，成功创建省第二批"清三河"达标县市。

建德市在生态环境不断改善的同时，经济发展呈现出企稳向好态势。2017 年上半年，建德市主要经济指标增幅跃居全省上游水平，生产总值增长 8.6%，城乡居民人均可支配收入分别增长 9.1%和 9.3%。

治水拆违水岸同治，河道水质明显改善

建德市曾因新安江饮用水水源存在污染危机被中央电视台曝光，因"三改一拆"进展缓慢被浙江卫视曝光。建德市委、市政府痛定思痛，下大力气打好治水拆违攻坚战，形成了转型升级的倒逼机制。

按照"一年初见成效，两年全面改观，三年实现质变"的要求，建德坚持水岸同治，累计投入治水资金 47.1 亿元。建立"五位一体"运维管理体系，推行专业环保公司运维和"专业公司+镇村"两种运维模式。健全市、镇、村三级河长体系，并将河长制向村级池塘和小沟小渠延伸，乡镇级以上河道全面设立河道警长，实现河道水质 APP 应用全覆盖。截至 2017 年上半年，全市 205 条乡镇级以上河道水质全部达到或优于Ⅲ类，Ⅱ类及以上水质达 93.5%。

一江清水，不仅优化了城乡人居环境，而且直接带来了可观的经济效益。2017 年 8 月，总投资超过 10 亿元的农夫山泉四期项目正式开工建设，建成后新增 110.5 万吨饮用天然水和饮料生产能力。

"猪和鸡不是不能养，关键是在哪养、怎么养"

建德是生猪、蛋鸡养殖大县，但是畜禽养殖也是违法搭建和水污染的重要源头。近年来，建德市委、市政府坚持标本兼治、堵疏结合，把畜禽养殖污染整治作为治水拆违的重点，累计关停畜禽养殖户 3289 户，拆除养殖棚 118 万平方米，生猪存栏减少 68%，规模化蛋鸡养殖减少 61%，禁养区清零退养。

建德市对宜养区内保留的养殖户，引导其进行生态化改造。航头镇养鸡大户陆建强投资 700 万元改造提升养殖场，配齐集蛋、饲喂、清粪、温控、湿控、通风一体的智能设备，7 万羽蛋鸡只需要两个人管理，而占地面积养殖量提升 60%。

对畜禽养殖退养户，引导他们发展草莓、铁皮石斛等种植业及民宿、农家乐等休闲旅游业。原本是畜禽养殖大镇的杨村桥镇和大同镇，借治水拆违之机建设草莓小镇和稻香小镇，逐步成为农业种植、精深加工、观光旅游、

农耕文化相融合的现代农业发展平台。养殖大户许建茹结束了 20 多年养鸡生涯，转型从事铁皮石斛等种植，带动 56 个农户以土地或资金入股，打造九仙铁皮石斛基地。

截至 2017 年 9 月，建德全市共建成 16 个"果蔬乐园"，形成集农产品生产加工、乡村旅游、产品销售于一体，第一、二、三产业融合发展的"第六产业"集群发展模式。

以资源要素亩产绩效倒逼传统产业重组提升

碳酸钙产业是建德的传统产业，全市共有碳酸钙企业 199 家，生活过程中粉尘污染严重。2017 年上半年，建德市全面启动碳酸钙产业整治提升。建立以资源要素亩产绩效倒逼机制，按照重钙、轻钙、氧化钙、灰钙、母料 5 个细分行业，在市场主体、规模效益、资源利用、安全环保、工艺装备、准入门槛 6 方面建立标准，引导企业通过联合重组、改造提升、搬迁集聚、关停转产等方式进行整改，目前已取得企业数量减少、市场份额增大、环境影响减小、税收贡献增大的初步效果。

建德市积极引导现有企业通过战略重组来招商引资，促成本地企业与省外上市公司、知名民企战略重组项目 14 个，总投资达 15.1 亿元。杭州福斯特药业出让部分股权引进人福医药集团进行战略重组，当年利税同比增长 30%。企业重组后，原福斯特药业法人代表徐竹清利用股权转让资金，转型发展水上运动产业，创办心安创客空间，开辟了事业发展的新天地。

建德市委、市政府从县域实际出发，充分发挥对接杭州的区位优势和良好的环境优势，探索县域"大众创业、万众创新"的有效路径，促进发展动能转换，打造经济转型升级的新引擎。建设建德高新技术产业园，2016~2017年利用创业创新平台，引进新安集团战略性新材料等 13 个投资亿元以上重大产业项目，实现工业销售产值 61.1 亿元。

资料来源: 洪旭朝、周兆木:《建德以治水拆违倒逼产业转型升级环境好了 效益高了 荷包鼓了》,《中国环境报》2017 年 9 月 11 日,第 05 版。

 经验借鉴

建德市精准打好转型升级系列"组合拳"，坚持整治和发展两手抓，生态环境具有了新面貌，走上了"绿水青山就是金山银山"的发展路子。建德市更是首批获得"五水共治"工作优秀县的地方，生态环境改善的同时，经济发展也呈现出了良好的态势，经济指标跃居全省上游。综合分析建德市取得这些成果的原因，关键还是在于治水其经验如下：①加快"三拆一改"的进展，下大力打好治水拆违攻坚战，形成了转型升级的倒逼机制。投入大量资金进行坚持水岸同治，加大环境执法力度，开展各种检查行动，全力抓好污水设施建设运行，完成污水治理项目。建立新的"五位一体"运维管理体系，推行两种运维模式。②对安全隐患较多的旧城区进行改造，改掉脏乱差，改出新空间，增强政府公信力。③对畜禽养殖业进行改造。养殖业作为违法搭建和水污染的重要源头，建德市政府坚持标本兼职，堵疏结合，把养殖业作为治水违建的重点。对保留下来的养殖业，引导其进行生态化改造，配齐智能设备，提高产量。对于退养户，引导他们发展其他行业。现在，建德市已经形成了集农产品生产加工、乡村旅游、产品销售于一体，第一、二、三产业融合发展的"第六产业"集群发展模式。④对传统产业进行整治提升，建立以资源要素亩产绩效倒逼机制，建立标准，引导企业通过联合重组、改造提升、搬迁集聚、关停转产等方式进行整改。目前，这类企业不仅对环境影响减小，而且对税收贡献增大。建德市积极引导企业通过战略重组来招商引资，促进本地企业与省外公司进行合作，开创事业发展新天地。建德市充分利用优势、立足实际、开辟新路径、引进重大项目，使产业发展获得转型升级。

二、创新"互联网+"监督模式助力治水

案例梗概

1. 创新"互联网+"监督模式，借助智慧化监督治水 APP 平台助力剿劣攻坚战。

2. 设立新制度监督，将人大监督和政府工作强劲合力，推动提质剿劣工作。

3. 依靠"信息跑路"，在发现问题后及时发送反馈，节省时间，提高效率，实现绿色管理。

4. 对 APP 功能进行持续的技术创新与升级优化，拓展其功能内容，争取用大数据监督执法服务。

关键词：监督治水 APP，"互联网+"监督，治水"神器"，水岸同治

 案例全文

2017 年，杭州市人大创新"互联网+"监督的模式，借助智慧化监督治水 APP 平台，发动各级人大代表利用信息化手段监督剿灭劣Ⅴ类水工作，助力治污剿劣攻坚战。随着 APP 使用进一步普及，杭州治水剿劣又多了数千双（只）"千里眼""顺风耳"和"无形手"。

功能强大的掌上监督治水"神器"

人大代表如何积极主动参与省委、市委中心工作，设计好一个载体至关重要。杭州市人大常委会将"智慧人大"与监督治水相结合，于 2017 年 4 月中旬启动人大代表智慧化监督治水 APP 平台建设。在建设中，杭州市人大、市治水办与浙江大学团队加班加点，一起克服了时间紧、任务重的困难，不到半个月，加装人大监督功能的这款名为"杭州河道水质"的 APP 平台升级版就顺利上线应用。

"一装上 APP，我就迫不及待地在日常巡河过程中用起来了。"杭州市拱墅区人大代表丁慧娜介绍，她负责的河道是阮家桥河，2017 年 5~7 月已巡河 40 多次，发现河岸垃圾桶损坏、水面有漂浮物、河道边空地管理等问题，均通过 APP 的人大代表监督投诉功能，当场拍照上传，相关责任河长和政府部门也在第一时间进行解决，得到周边老百姓的肯定和点赞。

据了解，人大代表监督投诉只是这款掌上监督治水"神器"的功能之一，此外还包括链接监督河道、联通监测数据、实现智慧巡查和进行学习交流等功能。可让人大代表直接查看自己所监督河道的基本概况、河道水质、一河一策、河长巡河等信息，全面了解分析全市 1845 条乡镇级以上河道水质监测数据、水质类别和水质变化趋势，方便其查根溯源、精准促改。同时，还能帮助其记录巡河轨迹，分享经验做法，学习规范法规，做到高效履职。

"治水有事找河长，治水不力找代表"。APP 平台还向社会公众公开了杭州全市乡镇级以上河道水质监测数据，开放了投诉、监督渠道。所以，和人大代表一样，公众也可以通过 APP 实时上传图片、文字等投诉材料，或直接一键拨通河长和人大代表的手机，进行举报或提出建议。

推动人大代表发现并解决问题

杭州全市 2000 多名市、区、乡镇的人大代表装上了 APP，通过"互联网+"监督模式，开展日常巡河、监督河长和投诉问题，参与巡河活动达 6000 余人（次）。

效果怎么样？事实来说话。杭州市西湖区人大代表俞芹坚持每周两次巡查上埠河。在巡查时，她发现河道旁垃圾中转点隔断有破损，汛期污水易流入河道，拍照上传 APP 后，街道立即进行了整改。

为进一步发挥 APP 的功用，推动人大代表发现问题的整改解决，杭州各区（县、市）人大还建立了 APP 监督机制，要求对巡河中发现的较为复杂或具有典型性的问题，可以组织人大代表小组开展视察，通过集体监督推进问题得到更好解决；对发现的问题及整改情况做好建档立据，落实解决途径并跟踪监督，实现河道治理监督全程可追溯。

这项制度的设立，就是为了督促人大代表不仅在线上借助 APP 反映问题，线下还要跟踪监督，直到问题得到解决。俞芹表示，一次她发现修车行离河道较近，在通过 APP 反映后，为防止洗车污水流入河道，便多次上门细心劝导，最终说服商家重新布置了洗车方位。她说："人大代表把时间和精力用在监督河道治理上，责无旁贷。"人大代表积极参与治水监督活动，是在用实际行动体现人大代表的责任和担当。而通过这款 APP，利用"互联网+"监督模式，使人大代表监督治水渠道更为顺畅，成效更为明显，切实形成了人大监督与政府工作的强劲合力，推动了水岸同治、提质剿劣工作。

2017 年 6~7 月，杭州市 1285 条监督河道（段）上岸边防护网破损、有人电鱼网鱼、河面留有漂浮物、河堤存在垃圾等 49 个问题被及时解决；全市 9 个县控以上（省控两个、市控 1 个、县控 6 个）劣 V 类水质断面，已经全部达到或优于 V 类水质要求。

对特色功用的持续完善和升级优化

此前，杭州市人大代表杨彬来到临安市市级河道锦溪锦城街道段巡河，看到几个人在电鱼、网鱼，劝阻无效后她立即通过人大代表监督治水 APP 与河长取得联系。不到 20 分钟，河长和渔政管理部门赶到现场处理，并没收了电鱼、网鱼工具。

像这样的监督，以前主要依靠"文件跑路"来实现，人大代表发现问题记录后，由人大检查组形成检查报告和审议意见函告市政府，市政府研究处理后反馈人大，"文来文往"造成时效性不足，根本不可能在 20 分钟内当场解决问题。

而如今有了监督治水 APP 平台，依靠"信息跑路"，人大代表的巡河、监督、投诉记录会实时发送给河长。对投诉类的问题，河长须在 5 个工作日内给予反馈，反馈会实时发送给人大代表，再由人大代表评价投诉处理的满意度。过程中，市、区两级人大常委会和治水办可在系统后台实时查看并掌握流转进程，视情对有关环节进行督办。通过"信息跑路"的监督模式，既节省了时间，又提高了效率。

即时联系、快速回应、全程督促……"虽然这款治水'神器'如此神通广大，但还有可提升的空间。"杭州市人大常委会城建环保工委主任王荣富介绍，下一步杭州市人大将与浙江大学团队继续合作，对特色功用进行持续的完善升级优化。比如，进一步完善 APP 后台的流转和处理过程，让人大代表能够直观地了解自己的巡河、监督、投诉等履职行为的处理进度；让河长能够清楚地知道自己需要阅办、处理和反馈的工作内容和时限；让市、区两级人大常委会和河长办管理员能够及时掌握人大代表的整体履职和个案处理情况。

再如，拓展 APP 平台内容功能，争取做到大数据定时推送关于河道水质的监督服务，大数据助推监管水环境执法服务，大数据监督促进系统与跨行政区域协同治水的服务，大数据监督河长、环保局长、治水办主任的履职服务，大数据评价人大代表监督治水建议办理的服务等。

资料来源：朱智翔、沈清、晏利扬：《创新"互联网+监督模式助力治水"杭州借助 APP 发动人大代表监督治污剿劣》2017 年 8 月 1 日，第 04 版。

 经验借鉴

杭州市创新了"互联网+"监督模式，借助智慧化监督治水 APP 平台，发动各级人大利用信息化手段，助力治污剿劣攻坚战。其治水 APP 平台建设经验如下：①运用 APP 的链接监督河道、联通监测数据、实现智慧巡查和进行学习交流，使用者通过 APP 能直接查看自己监督范围内的基本信息，全面了解水质监测数据，方便其查根溯源，精准促改；同时，还能帮助其记录巡河轨迹，分享经验做法，学习规范法规，做到高效履职；公众也可以直接进行举报或提出建议来参与治水。②该 APP 推动人大代表发现并解决问题。杭州市众多人大代表装上了 APP，及时反映问题并推动整改解决，对复杂性问题组织人员开展调查，通过集体监督推进问题得到更好的解决，对发现的问题及整改情况做好建档立据，落实解决途径并跟踪监督，实现河道治理监督全程可追溯。③对 APP 的特色功能进行继续完善和升级优化。争取做到用大数据来进行监督服务。

三、"千里眼" 实时监控钱塘江源头

案例梗概

1. 用视频技术进行实时监控并将 "大数据" 汇总到综合信息指挥室，使其进行指挥调度。
2. 利用低成本可复制分类方法，实现垃圾从源头 "无害化、减量化" 处理。
3. 开发推广手机 APP 系统，运用 "智慧平台" 技术实现动态化管理。

关键词："无害化，减量化"，"智慧治水"，环保预警监控体系

案例全文

给垃圾贴上 "身份证"，制定 "行程表"，智慧平台 "千里眼" 实时监控钱塘江源头。

智慧平台 "长出" 实时监控 "千里眼"

在钱塘江源头的浙江衢州，空中有一双看不见的 "千里眼" 实时监控着河流水位、重要路段和地质灾害点险情，并将 "大数据" 全部汇总到乡镇综合信息指挥室。

乡政府综合信息指挥中心是衢州抗灾体系的重要一环。该中心统一调配乡村干部、全科网格员、志愿者等 3000 余人深入防汛一线抗洪救灾。

"衢州市各地区通过视频监控，监视河流水位、地质灾害点险情，各村一线干部收集信息，再由综合信息指挥室及时分流交办并指挥调度，最大限度地避免了人员伤亡和经济损失。"衢州市治水办相关负责人说。

源头垃圾分类疏清小微水体

在衢州开化县村头镇，洪水过后，河道沿途的树枝上、河流中没有往日的垃圾成山，河水清澈见底。这主要得益于当地的垃圾分类。

在村头镇，一到周末，垃圾兑换超市前就排起了长队。村民们把家中的空易拉罐、矿泉水瓶、废电池等废弃物整理出来，兑换成盐、黄酒、洗洁精等日常用品。据了解，截至2017年7月，开化全县累计兑换商品已超过4万件，已设垃圾兑换超市的村庄回收垃圾量减少近1/2。

衢州境内河流众多，支脉庞杂，如何提升水质成为难题。衢州通过河岸源头的垃圾分类，使疏清山塘、河道等小微水体成为现实。

垃圾袋编号分类，给垃圾贴上"身份证"；定时定点投放，给垃圾制定"行程表"；定期督促检查，为农户立下"清洁榜"……低成本可复制的方式，实现了垃圾从源头"无害化、减量化"处理。

"智慧治水"武装河长巡河

2016年，衢州市9个"水十条"国家考核断面、7个集中式饮用水源水质达标率全部保持100%，水质改善幅度居浙江省之首。

衢州柯城区万田乡党委书记余志华自2014年成为乡级河长之后，巡河、护河成了他的重要工作。通过巡河，他快速将汛情记录在河长制APP，巡河轨迹实时上传，洪水情况及时呈现。

衢州市开发并推广河长手机APP系统，通过系统，各级河长巡河检查、公众举报受理、接受上级"河长"指令等，实现智能化动态管理。智慧防汛，智慧水利，智慧环保，智能化管理……如今"智慧"二字贯穿衢州"五水共治"当中。

"我们借助环保大数据建立起覆盖全市的环保预警监控体系。"衢州市环保局相关负责人介绍，水质提升之后，利用"智慧环保"平台，进行长效管理，做到及时预警、及时发现、及时处置。

资料来源:《"千里眼"紧盯钱江源》，《浙江法制报》2017年7月12日，第七版。

经验借鉴

浙江衢州利用智能设备进行钱江源水位实时监控，运用智慧平台"千里眼"实时监控河道、重要路段和地质灾害点，并且将这些大数据全部汇总到信息指挥室。其"智慧治水"经验如下：①奖励垃圾分类，减少污染源。当地利用奖励机制促使村民进行垃圾分类，村民可以利用家中的空易拉罐、废电池等废弃物来兑换日常用品，村庄环境有了明显的改善。②疏通小微水体、垃圾定时定点投放、定时监督检查。繁杂的水系曾经是衢州市提升水质的难题，在此现实情况下，衢州市采用了疏清山塘、河道等小微水体的方式予以解决。定时督促检查、定时定点投放等低成本、可复制的方式，使垃圾实现了从源头到无害化、减量化的转变。③APP 动态监测与管理。衢州市利用手机 APP 系统，将工作人员的巡河系统记录在内，实时上传，呈现实时状态。通过该 APP，公众可以进行举报，接受上级指令，实现动态化管理。

四、148 个"移动探头"守护大溪平安

 案例梗概

1. 抓住基层治理最前沿，以平安建设为主线，以社会风险多元防范化解为基本点，全面探索"一线一点"基层治理"大溪模式"。
2. 组建全科网格队伍，实时监控大溪镇，及时发现反馈并解决问题。
3. 有效运用大溪镇"四平台"信息快速流转处置机制，依托 APP 采集并获取信息，实现流程的无缝对接。

关键词："一线一点"，"大溪模式"，"四平台"，专职网格员，APP

 案例全文

身穿蓝马甲的网格员每天走街串巷

近年来，大溪镇在收获经济飞速发展成果的同时，各类矛盾风险交织叠

加，社会治理也面临新压力。2017年初，大溪镇被列为第三批浙江省小城市培育试点镇。如何继承发扬"枫桥经验"精神创新社会治理，及时发现、有效应对风险，预防和化解矛盾，为小城市创建平安稳定环境，是摆在大溪人面前的一道必答题。"为之于未有，治之于未乱"，大溪人的解题思路是"下先手棋"，抓住基层治理最前沿，以平安建设为主线、社会风险多元防范化解为基本点，全面探索"一线一点"基层治理"大溪模式"。

全科网格

一部平安通手机、一本排查手册、一个工作牌、一件蓝马甲……如今，走在大溪镇主道、村道上，时常可见如此装备的人。他们就是大溪镇2017年成立的全科网格队伍。148名专职网格员像移动探头一样，时刻注视着每个角落。挨家挨户上门核查人口信息、巡查各类安全隐患、宣传消防知识、开展治安巡逻……这些都是专职网格员的职责。

2017年9月18日下午4时15分，大溪镇上山村127号网格员在日常巡查时发现，有村民在路旁田间割野菜。上山村当日上午曾在道路两侧及机耕路两侧喷洒除草剂以消灭杂草，考虑除草剂很可能散播到植物上，网格员立即上前劝导，并上报信息。接到信息后，村两委及护村队立即通知村民不要食用周边野菜，以免食物中毒。

2017年9月22日11时2分，下洋张村113号网格员巡查发现下洋张村金边河的颜色不正常，随即检查周边，发现华董工地的泥浆泄漏并直排至河道中。网格员当即分别上报给下洋张村驻村干部杨凌钟和综治办主任卢昌宇，采取紧急措施，联系施工方进行抢修。第二天，网格员再去现场巡查时，发现泥浆已停止泄漏，河道颜色也恢复正常。

平台流转

在大溪，随着专职网格员的实地走访不少隐患被发现，这些隐患从及时上报到最终化解，得益于大溪镇"四平台"信息快速流转处置机制的有效运转。

网格员依托"基层治理综合信息平台"APP采集信息，只需录入一次数据，各条线系统就能在数据共享平台上获取信息。"网格员信息采集上报—综治中心分流交办—'四平台'各职能站所执行处置—网格员核实反馈"，整个流程实现了闭环无缝对接。

2017年10月5日10时45分，银河村6号网格员在走访至银河山头饮水水库位置时，发现那里堆满了油漆桶、泡沫、塑料等垃圾，当即上报信息。接到消息后，村干部赶至现场查看，并联系相关人员前来处理。没几天，垃圾全部被清理，有效防止了水源污染。

2017年11月30日9时50分，宜桥居11号网格员排查发现，宜桥新村62号民房二楼阳台处堆放了大量装有松香水的油漆桶，随即进屋检查，发现这里是一家生产电机的私人加工坊。网格员上报信息后，安监部门责令房主停业整顿，当场拆除土制烘箱，并搬离油漆桶。

资料来源： 阮赛赛：《48个"移动探头"守护大溪平安》，《浙江法制报》2018年5月28日，第04版。

经验借鉴

大溪镇建立了由148个人组成的全科网格队伍，及时排查、发现水污染问题，在环境治理上取得良好的成绩。其治理经验如下：①采用"枫桥经验"创新社会治理模式，及时发现、有效应对风险，预防和化解矛盾，为小城市创建平安稳定环境。并且他们解决问题的思路是"下先手棋"，以及抓住基层治理的前线问题，以平安建设为主线，社会风险多元防范、化解为基本点，全面探索"一线一点"的基层治理"大溪模式"。②运用全科网格来帮助他们解决问题。大溪镇网格人员配备手机、排查手册、工作牌等物品，对大溪镇的各个地点进行排查。他们的职责就是挨家挨户上门核查人口信息、巡查各类安全隐患、宣传消防知识、开展治安巡逻。③平台流转模式。隐患从发现到上报，都得益于"四平台"信息快速流转处置机制的有效运转。④网格员运用APP采集系统，只需要录入一次数据，就可以通过数据共享平台将数据分享给各条线路和系统。通过整个流程的无缝对接，提高了网格员处理事件的效率。

五、萧山运用物联网治水

 案例梗概

1. 创新技术，运行"萧山区河道智慧云平台"，提升信息系统自动化运用水平，进行河长制信息化建设工作。
2. 运用身份标识码技术将河道两侧地点连接入河道智慧云平台，构建小型物联网进行信息交互。
3. 用 CCTV 管道检测机器人收集数据并发送后台，实现可溯源，倒查污染源。
4. 利用水质实时检测仪，通过物联网技术传输，实时监测水体指标。

关键词："智慧芯片"，CCTV 管道检测机器人，小型物联网

案例全文

2017 年 10 月，浙江省杭州市萧山经济技术开发区正式试运行"萧山区河道智慧云平台"。在平台中，窨井盖、排污口、污染源点、雨水井等都被给予身份标识，便于第一时间发现河道相关问题并进行处理。

身份标识系统：第一时间锁定问题点位

全长仅 1.5 公里、平均宽度仅 1.3 米的万向河是萧山经济技术开发区辖区内的一条普通河道，但却是萧山河道智慧治理的样板。

在河道智慧云平台上，万向河两侧厂区、住宅小区的 47 个排放口、54 个污染源点、268 个雨水井以及万向河泵站一目了然，每一个点都有一个身份标识码，全部被连了起来，并接入河道智慧云平台，它们也同时构成管理万向河的一个小型物联网。

万向河岸边的窨井盖只要一"抬头"，就能自动发出"求救信号"，附近的物联网接收器可以同时捕捉到信号，并第一时间向平台传回信息。同时，辖区内河长也能第一时间收到警示短信。

平台技术人员介绍说，以往窨井盖被盗或者因台风、内涝等原因被冲开，管理者很难第一时间发现到底是哪一块窨井盖出了问题。现在，窨井盖内植入了一块"智慧芯片"，同时萧山经济技术开发区也给万向河两侧的窨井盖一个身份标识码，即一串编码，并上传到智慧云平台。"只要窨井盖与路面有超过5度的倾斜角度，万向河上的物联网探测器就能捕捉到这一信息"。

智慧云平台：科技让治水走向精细化

万向河周边的管网全部纳入河道智慧云平台后，也被实时动态监测。开发区市政公司相关负责人介绍说，这个云平台的一个特色功能就是可溯源，即通过倒查来确认污水到底来自住宅小区、企业或者沿街店面的哪根管道。这期间，CCTV管道检测机器人也派上了大用场。

据了解，CCTV管道检测机器人，机身安装了360度可旋转防水摄像头，可以通过不同方位拍摄管道内壁影像，收集数据后第一时间传送到后台，检测员通过显示屏就能够看到管道有无混接、暗接、破损、堵塞、破裂以及渗漏等情况。

下一步，万向河的这一物联网大家庭中还将引入一个新成员——水质实时检测仪。开发区河道云平台技术人员说，他们将在水中安装监控设备，通过物联网技术传输，实时检测水体化学需氧量、总磷、氨氮等多项指标。一旦发现污染物排放超标，将在第一时间提醒河长，真正做到24小时动态管理。

萧山经济技术开发区相关负责人表示，河道智慧云平台试运行一段时间后，将被纳入基层治理"四个一"平台，引导全民参与治水。

资料来源：钟兆盈、方亮：《萧山治水用上物联网窨井盖、排污口都有身份标识，可迅速锁定问题点位》，《中国环境报》2017年10月27日，第05版。

 经验借鉴

萧山运用智慧平台，对万向河周边区域所有纳入管网的排放口、污染源点、雨水井等进行监测。其治水经验如下：①运用身份标识码。通过一个个身份标识码，连接起所有污染源监测点，共同接入河道智慧云平台，构成管理河道的小型物联网。每当带有标识码的区域出现了问题，监测器就会捕捉到信息，并将这些信息上传到智慧云平台。管网也被纳入平台进行实时动态

监测。可溯源的功能可以通过快速倒查锁定区域，发现问题。②配备 CCTV
管道监测机器人。运用防水摄像头对不同方位的管道内壁影像进行拍摄，收
集数据之后第一时间传送到后台，之后监测员可以通过显示屏看到管道的各
种情况。③引入水质实时监测器。通过互联网技术传输信息，实时监测水中
的各种污染物指标含量。当发现污染物之后，第一时间提醒相关人员，真正
实现 24 小时动态管理。

六、"钱塘江水地图" 协助解决水污染问题

 案例梗概

1. 忻皓赴美国镀金，受 Ushahidi 系统启发研发水地图。
2. 浙江环保组织"绿色浙江"制作的"钱塘江水地图"获得了 2012 年"芯世界"公益创新计划技术应用奖。
3. 志愿者标出 20 多处钱塘江污染点，协助查出 4 起污染案件。
4. 鼓动人人参与环保监测，制作水地图。
5. 水地图声名远扬，被第六届水论坛正式采纳为"可供参考的水问题解决方案"。

关键词：社会居民，人人参与，监测水污染源，绿色环保，水地图

 案例全文

　　2008 年，勤勉好学的忻皓成为"福特"国际奖学金资助的最年轻学者，
前往美国克拉克大学攻读环境科学与政策硕士研究生。身在全美地理学排名
第一的学府，忻皓在学习期间选择了不少有关于地理信息的课程。3 年留学生
活中，忻皓常陷入深深思考：钱塘江流域水体污染日益严重，政府部门监管
力量难以在偏远地区全覆盖，民间护河者因缺乏车辆、快艇等机动设备，对
于屡屡出现的水体污染事件因无法提供实时证据而无法将肇事者绳之以法。
因此，急需一种全民能即时参与并与政府良性互动载体，才能让各界发力使
污染源无处可藏。

2010年1月12日，加勒比岛国海地发生里氏7.0级大地震，造成20余万人死亡。地震发生后，国际社会纷纷伸出援手，其中一款由肯尼亚律师发明的Ushahidi系统平台发挥巨大功效，在震中为救援者指明道路、受灾地点、受灾人数等信息，使很多岌岌可危的生命及时获救。忻皓看到这个消息时眼睛一亮，Ushahidi系统成本低廉操作简便，若开发出所属地域的电子地图，用于河流保护不是最恰当选择吗？在同学的支持下，忻皓在中国水污染地图积累的研发经验基础上，深入研究Ushahidi系统平台后编写源代码开发，经过充分实验和运作后，于2011年6月正式推出"钱塘江水地图"公众互动信息平台（www.qiantangriver.org）。该平台全面直观地呈现了钱塘江流域二维和三维地理全貌，以及与水环境相关的政府机构、工矿企业、畜禽农场、水生生物种群、饮用水水源保护区等各类地理信息和监测点水质情况。

小胜不收兵。敏锐的忻皓意识到，只有让钱塘江流域护水行动进入国际视野，才能争取到更多的国际项目资金和治理理念支持。在美国留学期间，忻皓多次与世界上最大的河流环保组织全球护水者联盟董事会主席罗伯特·小肯尼迪联系，申请钱塘江能够加入联盟。2010年10月，该组织委派国内首家护河者民间组织绿色汉江会长运建立女士赴杭州经历一周考察后，正式批准接纳钱塘江为中国第四条加入该联盟的河流。

2011年秋季，忻皓学成回国。回到杭州，忻皓广为宣传水地图号召人们"发现污染随手拍"。从此，绿色浙江志愿者们和更多的钱塘江流域附近居民走在江河边，一旦发现污染水源，随时用手机拍摄照片并附上污染点具体信息，上传到绿色浙江的公众互动信息平台，水地图后台管理者再通过举报信息核实后及时植入发布污染点标示，刷新界面就可以弹出污染点相应照片及预警信息。随后，绿色浙江整理材料，第一时间把投诉反映给浙江省原环保厅环境稽查执法总队核查。钱塘江水地图获得了2012年"芯世界"公益创新计划技术应用奖。

为母亲河安装上了隐形"千里眼"，从一开始就得到了浙江省各级环保部门支持。2012年5月上旬，绿色浙江水地图获悉位于临安市板桥镇牌联村有数家造纸厂将造纸污泥集中倾倒至沙塘弄。沙塘弄位于青山湖上游7公里处，而青山湖正是杭州市饮用水水源，造纸污泥可能会对附近水源及大气造成污染，于是，绿色浙江对发现的污染向临安市原环保局进行举报，促使临安市原环保局会同板桥镇政府紧急行动，严令造纸厂立即停止向沙塘弄填埋场倾倒污泥。2012年5月22日早上，绿色浙江一名志愿者发现，位于省道46北面一家企业大门左侧一个水泥盖板下面，一股带着暗色的污水从管道里不断流出，检测发现，污水 pH 值只有 3，酸水沿着省道旁的露天雨水渠一路向西，最终流到距该企业不到 3 公里的钱塘江上游江山，志愿者用手机拍下证据并通过"钱塘江水地图"举报。绿色浙江收到举报后，联系浙江省原环保厅，发现该企业已是"累犯"，原来此前该公司就因污水未经处理直排，被当地环保部门勒令整改，并处 2.4 万元罚款。后在浙江省原环保厅督办下，该企业被整改到位。在执法部门解决污染问题后，环保部门会以正式函件回复绿色浙江处置结果，使通过绿色浙江举报的每一个污染问题都得到政府正面回应。

在"钱塘江水地图"推出的一年里，志愿者在钱塘江流域巡防 30 多次，走访了 8000 多公里，将这些点位拍照上传到水地图上。2011 年，环保部门通过水地图的举报，成功查处并解决了桐乡、东阳、兰溪等地 4 起环境污染案件。

除了志愿者，普通老百姓特别是居住在钱塘江流域附近的居民也可以通过钱塘江水地图这个平台，实时记录下钱塘江水域环境。也就是说，今后凡是发现污染源，人们都可以把拍到的照片和说明发送到平台上，标注在地图上。所以，这张水地图非常具有互动性和协作性，必须要靠大家的力量一起来完善。

"我们会将大家举报上传的这些点的情况反映给省环保厅，由他们来进行核实、查处。"忻皓说，"今后人人都能参与环保监测，人人是观察者。"

除此之外，这张水地图还有一个更强大的功能。当把个人住址输入之后，水地图就能把附近受污染的最新情况发送给查询的居民，提醒居民注意。可以点击接收住址附近的报道，选择需要查看的位置，可以选择范围，比如 50 公里，再输入邮箱等，网站会自动将信息传送到邮箱，今后在这个位置附近有新增污染源也会自动传送到邮箱。另外，还可以在微博上将照片、位置 @ 绿色浙江，或者发邮件至 qtriver@gmail.com，进行实时举报。

绿色浙江环保组织招募了一批钱塘江护水志愿者，主要是钱塘江流域社区、学校的志愿者，对全流域饮用水保护区，特别是杭州市的一、二级饮用水保护区的 29.2 公里段进行常规巡护。

水地图在浙江声名远扬，在国外也受到广泛关注。2012 年 3 月，这种模式被法国马赛召开的第六届世界水论坛正式采纳为"可供参考的水问题解决方案"，忻皓作为中国水保护民间组织代表受邀赴法传经送宝。随后，该项目又从联合国环境规划署生态和平领导中心在韩国举办的第五届亚洲环境论坛上脱颖而出被评选为"最佳案例奖"，获得联合国环境规划署提供的特别资助。与此同时，全球护水者联盟要求将水地图在中国成员中推广。

资料来源：孙燕：《发现污染，请发到网上"水地图"》，《钱江日报》2012 年 5 月 29 日，第 H0003 版：杭州新闻 民生；阿友：《忻皓：一名海归环境督导师的快意青春》。

 经验借鉴

绿色浙江的总干事忻皓在赴美留学途中，受肯尼亚律师发明的 Ushahidi 系统的启发，结合中国水污染地图积累的研发经验基础，于 2011 年 6 月正式推出"钱塘江水地图"公众互动信息平台。简单来说，钱塘江水地图的推广经验如下：①将科技与治水相结合，大大降低了污染率。人们通过钱塘江水环境互助信息平台，不仅能了解到各类地理信息和监测点水质情况，还能上传污染源信息举报相关企业、标示污染点。②发动群众的力量，鼓励人人参与环保监测。"钱塘江水地图"具有互动性和协作性，绿色浙江的志愿者起先锋带头作用，在钱塘江流域巡防，标出 20 多处污染点，协助查出 4 起污染案件。普通百姓也可通过上传污染源照片、附上污染点具体信息并发送至平台，经初步确认后标示在地图上。通过这种方式，进一步提升了水污染监测的群众参与度。③走向世界，增强国际影响力。2012 年 3 月，这种模式被法国马赛召开的第六届世界水论坛正式采纳为"可供参考的水问题解决方案"，忻皓受邀进行宣讲，随后，该项目又被评为"最佳案例奖"，获得联合国环境规划署的特别资助。水地图的声名远扬，进一步推动了国际水问题解决的进程。

七、"智慧中枢"助力滨江治水

案例梗概

1. 华家排灌站历时半年"升级"，为滨江版图上的"水循环系统"装上了"智慧中枢"。
2. 以"为有源头活水来"为治水理念，新建华家排灌站配套工程，让引入滨江的水源更清。

3. "智慧中枢"在水质监测、水利标准化运行管理、配调水会商等多方面发挥作用，为科学决策提供数据支撑。

4. 依托标准化运行管理模块，运用信息化和物联网等"智慧手段"，对滨江地域实时监控。

5. 建立雨污管网智能监管平台，让"大数据"汇于"智慧中枢"，为城市管理和未来的提升改造提供决策依据。

关键词： 滨江，创新治水，一江清水入城，"智慧中枢"

 案例全文

2018 年 4 月，华家排灌站配套工程完工并投入试运行。此前，由华家排灌站开启的"一江清水入城"创新治水模式，让高新区（滨江）治水成绩斐然，甚至创下了两条河道测出 I 类水质的"奇迹"。

这一成功模式，也被复制到滨江其他地方。截至 2018 年 4 月，滨江已建设（改造）5 个排灌站，15 个河道节制闸，将水系分为两个部分：北塘河以南一个水系，二进二出，华家排灌站和浦沿排灌站进，江三排灌站和铁岭排灌站出；北塘河以北一个水系，二进一出，十甲河闸和风情河闸进，建设河排灌站出。而为滨江治水立下大功的华家排灌站，经过历时半年的"升级"，不仅能够让入城清水更清，更为滨江版图上的"水循环系统"装上了"智慧中枢"。

让入城清水源头更清

以"为有源头活水来"为治水理念，拥有 41 条河道、水网密布的滨江，逐渐找到了一条治理内河的科学之路——滔滔钱塘江水通过华家、浦沿等排灌站，变为一池清水，送入内陆水系。2017 年 11 月起，华家排灌站的引水工作暂歇，开建配套工程。

为什么要进行这次升级？一个重要目的是让引入滨江的水源更清。在华家排灌站之外即是浩荡的钱塘江，钱塘江江水多泥沙，如果将未经处理的江水直接引入河道，一来水质混浊，二来容易造成河道堰塞。

新建的配套工程就是要进一步解决这个问题——在排灌站下游 400 米的河道中，新建了橡胶坝、翻板闸，可以减缓配入内河的江水流速。同时，通过控制翻板闸，还可以调节对不同河道的配水量。"水流减速之后，江水与凝絮剂的反应更充分，沉淀出的水质也更为透明。"滨江区排灌总站站长杨可栋说。另外，还新建了一个"沉淀池"。以后，沉淀下来的泥沙，可以清淤到沉淀池晒干再运出，不让江水中的泥沙过多流入内河。经过双重"净化"，就可以为城市河道注入更为清澈的活水了。

杨可栋说，配套工程完工之后，还"打通"了华家河和山北河，并且让河道拓宽至 30 米。这样一来，就大大提升了排灌站向白马湖配水的能力，对优化白马湖水质有很大作用。

为滨江水系装上"智慧中枢"

此次"升级"，滨江区还投资 1428 万元，建成了全区首个综合性的智慧水利管控平台，已投入试运行。该平台在"清水入城"的水质监测、水利标准化运行管理、配调水会商等多方面发挥作用，为科学决策提供数据支撑。按照杨可栋的说法，以前往往要"凭经验"管理的事情，今后可以让"数据说话"了。

这个"智慧中枢"就像是一个会自我学习的"大脑"，可以通过天气、河道水质、江水浊度等各项数据的采集和综合分析，在每天清晨给出当日的配调水方案。方案经过确认后，相应指令会下达到各个排灌站分站，全部实行标准化操作。

再如，当遇到汛期突发降雨时，到底预排多少水量才能既保证防汛安全，又不造成资源浪费？"智慧中枢"的大数据分析，也可以为决策提供更多科学参考。"这个智慧平台还连接了滨江水系中的 19 个实时监测站，可以查看河道水质、溶解氧、浊度、氨氮含量等多项数据，水质数据每 4 小时更新上传一次，会针对水质问题进行预警。"杨可栋说。

另外，依托标准化运行管理模块，这个智慧水利管控平台还可以针对泵站、水闸提供运行管理服务，实现包括基础信息、工程检查、安全观测、维修养护、调度运行、应急管理及工程巡查等监管服务。这个"智慧中枢"还与浙江省水利标准化运行管理平台实现了对接，可实现工程管理数据的互联互通。"我们的工作人员拿着手机就可以对排灌站进行实时巡查，及时上报隐患"。

大数据绘出"看不见的城市"

在科技创新企业扎堆的高新区（滨江），将信息化和物联网等"智慧"手段应用于治水已有先例，带来的改变也显而易见。比如，通过城市智慧管理平台，可以实现智慧河道管理。滨江在全区河道和雨水管网的关键节点安装了水质实时检测仪、河道水位水文监测仪、河道视频监控仪、管网水位自动监测仪，依靠 GIS 平台展示监测数据。

"打开电脑上的平台，水系图上可以清楚地看到监测点附近的水质情况，一旦出现问题会发出预警，工作人员就可以及时做出处置。"据滨江区城管局城市监管中心科长徐冬慧介绍，同样是应用智慧手段，近年来的汛期，他们会对滨江主干道、下穿隧道、涵洞、桥梁、上下匝道等重点部位实时监控，第一时间发现、排除积水，让"雨天看海"成为历史。

而实现"污水零直排"，这些"智慧"手段帮上大忙。滨江对全区地下管网进行统一普查，试图为"看不见的城市"建立可视化、数字化的档案。

"之前，我们曾经为地下管网制作过电子地图，但随着城市建设发展，由于地铁开挖，道路新建、改造等情况，很多信息可能已经不太准确了。我们希望通过普查摸清管网家底，细化到每一个排水单元，找出地下管线中的混接点，找出不明污水来源。"徐冬慧说，数据信息比较完备之后，就可以考虑运用技术手段，建立雨污管网智能监管平台——让这些"大数据"汇集于"智慧中枢"，真正为城市管理和未来的提升改造提供决策依据。

资料来源：王紫微、富威玲、余小平、宋桔丽：《一江清水再入城》，《杭州日报》2018 年 4 月 19 日，第 A07 版。

 经验借鉴

滨江由华家排灌站开启的"一江清水入城"创新治水模式，让滨江治水成绩斐然，其经验如下：①滨江以"为有源头活水来"为治水理念，新建华家排灌站配套工程和"沉淀池"，通过减缓配入内河的江水流速、调节对不同河道的配水量，让引入滨江的水源更清。还"打通"了华家河和山北河，拓宽河道，大大提升排灌站向白马湖配水的能力，有利于优化白马湖水质。②滨江区投资 1428 万元，建成全区首个综合性的智慧水利管控平台，为滨江版图上的"水循环系统"装上了"智慧中枢"。"智慧中枢"在水质监测、水利标准化运行管理、配调水会商等多方面发挥作用，为科学决策提供数据支撑。③连接滨江水系中的19个实时监测站，依托标准化运行管理模块，运用信息化和物联网等"智慧手段"治水，对水质进行实时监测，预警系统第一时间发现问题、排除积水。④实现"污水零直排"，滨江对全区地下管网进行同一普查，试图建立可视化、数字化档案。完备数据信息后，将运用技术手段，建立雨污管网智能监管平台，让"大数据"汇集于"智慧中枢"，为城市管理和未来的提升改造提供决策依据。

八、水晶之都绿色蜕变
——浦江以治水倒逼县域转型发展

案例梗概

1. 浦江经多重努力，换回了绿水青山。
2. 环境改善与经济发展同步进行，水晶产业焕发新生机。
3. 浦江因治水让村庄重新星光熠熠，吸引投资，刺激经济发展。
4. 吴国平建"不舍·野马岭中国村"，大获成功。
5. 金狮湖经过整治焕然一新，并在此举办国际越野跑挑战赛，逐渐出现在国际视野。
6. 浦江人素有闲情雅致，因此家家种满鲜花，人们生活有趣且满足。

关键词： 水环境综合整治，水晶产业转型，美化公共绿地

案例全文

　　浦江县以壮士断腕的决心整治水晶产业污染，让曾蒙上尘垢的江南水乡重新寻回美丽的方向；诗画之乡重拾乡土自信，被唤回的不仅是绿水青山，更是人们对家园的热爱。

　　洗去尘垢，水晶方得璀璨。2016年6月，浙江浦江华德水晶科技股份有限公司正式启动上市准备工作。若是三年前，公司董事长张必军一定无法想

象，浦江水晶怎能从漫天粉尘、污水直流的环境里谋求上市、走向国际，甚至成为全球水晶行业的风向标。

与很多浦江人相似，张必军从 2003 年起从事水晶生产，十余年间却止步于最基础的水晶配件加工。张必军的两难境地，也是整个浦江的苦恼。这里曾聚集着大批水晶加工企业和家庭作坊，最高峰时达到 20000 多家，从业人员 20 余万人。浦江水晶产品占据国内同类产品 80% 以上的市场份额，却迟迟摆脱不了"低小散"和同质、低价、恶性竞争的产业"瓶颈"。

更为触目惊心的是，水晶抛光打磨过程中，大量废渣、废水直排河道，全县 85% 的河流被严重污染，浦阳江出境断面水质连续 8 年为劣 V 类，全县生态环境质量公众满意度一度跌至全省倒数第一，被称为"全省最脏县"。

浦江在思考，"发展"和"保护"这对矛盾该如何破解？ 2013 年 5 月，在浙江生态日前夕，浦江打响水环境综合整治攻坚战。配套"三改一拆""四边三化"的组合拳，全县关停取缔 20000 余家水晶加工户、拆除违法建筑 25000 处 622 万平方米，拆除水晶加工设备 9.5 万台，一场变革正在浦江升腾。

有人怀疑：属于浦江水晶的辉煌时代，是不是就此过去了？事实并非如此，水清了，岸绿了，一大批低小散作坊式企业和加工户被腾退；同质竞争、无序发展的现象逐渐淡去。在浦江中部、东部、西部、南部，4 个水晶产业集聚区拔地而起，建设标准厂房，统一供电、供水、供气和集中处理污水、固废，水晶生产带来的环境污染得以根治。全县 20000 多家水晶加工户经淘汰、整合提质为 526 家水晶企业，除 88 家园区外落地企业，全部搬迁入园。水晶产业年产值从整治前的 57.8 亿元上升到 2016 年的 90.1 亿元，2017 年第一季度产值又同比增长 37%。

而今，世界 500 强企业中国华信能源有限公司正全盘介入浦江水晶小镇建设，并将募集 100 亿元基金支持浦江水晶产业发展，为水晶产业转型升级注入强大动力。从摆脱落后模式的创新增长中，浦江渐渐摸索出一条经济发展和生态文明相辅相成、相得益彰的绿色之路。天地间，重现秀绝之区。走进绿荫掩映的浦江县虞宅乡新光村，临水而建、粉墙黑瓦的古建筑错落有致，回廊、巷道纵横交错。时光倒退几年，这里曾是浦江水晶产业的发源地之一，也是"牛奶河"、垃圾河的集聚地。

2013 年，新光村借力"五水共治""三改一拆"，对廿九间里、双井房等古建筑进行修复，实施了文化礼堂、村口景观、道路改造、村环境卫生整治等一系列美丽工程，洗去尘垢的新光村重新星光熠熠。2015 年秋冬季节，村里又引进浦江县青年创业联盟，令古村复苏。从新光村向西南，就是隐身群山六百载、位于浦江最偏远处的马岭脚村，这里曾是贫穷的代名词。幸运的是，它遇到了一个珍视绿水青山的时代。

2014 年，设计师吴国平，被马岭脚村山水风貌吸引，他斥资 6000 万元租下了整个村子建设"不舍·野马岭中国村"。三年时间，40 间房子，终于在 2017 年 7 月整装待客。吴国平走得虽"慢"，却已为马岭脚村的民宿经济开启大门。凭借得天独厚的自然优势，全村 103 户人家开了多家农家乐和民宿。

从治水开始，浦江的农村在变，城市也在变。金狮湖，曾经是周边居民的垃圾坑和企业的污水池，湖水又脏又臭，是城区范围内最大的黑臭湖。而今，金狮湖恢复清澈，并撬动周边 2100 多亩城市用地的开发，吸引上百亿元资金投入，再造一个浦江新城区。

美丽的城乡环境，成为经济增长的绿色引擎。2016 年，浦江县旅游人次首次突破 900 万大关，旅游收入达 92 亿元，成功创建全国休闲农业和乡村旅游示范县、省旅游发展十佳县。2017 年一季度，旅游经济又达到了一个新的高度，全县实现旅游收入 27.09 亿元，同比增长 96.11%，其中乡村旅游接待游客量达 249.74 万人次。

"天地间秀绝之区"，明代文人宋濂曾如此形容浦江的大好河山。而今，洗去尘垢的浦江城乡已无愧于这样的赞美。人与自然，可以如此亲近。追求人与自然的和谐发展，还老百姓以有尊严、有品质的幸福生活，既是浦江绿色发展的初心，也是核心。如今，若你从空中俯瞰浦江，会惊艳于缭绕全域的一条"绿丝带"。这是一条以浦阳江为核心的狭长绿廊，全长 17 公里。2017 年 5 月 20 日，2017 国际越野跑挑战赛在金狮湖畔开跑，穿越整条缭绕浦江的"绿丝带"。赛道周边深厚的历史人文底蕴、密集的名胜古迹，让浦江获得了来自世界的掌声。

2016 年的夏天，翠湖湿地公园举行的诗会为浦江吹来了一股凉爽的清风。晚风、繁星、蛙声，人们聚集在曾经污水横流的翠湖，散步纳凉，吟诗作对。翠湖诗会，已经成为浦江人每年都在期待的盛会。

同饮一江水，诗词之外，人与自然的距离，也在改变中被真切地拉近。"诗画之乡"的浦江人素有闲情雅致，爱在房前屋后栽树种花。经过拆改，全县腾出 5800 余亩裸土，当地人便采购石竹、剪秋萝、矢车菊等草花籽，在春秋时节撒向路边、村边、湖边、江边。漫山遍野的花唤起了人们对美的追求。

现如今，走进浦江农村，随处可见村民们自发美化公共绿地的身影。浦阳街道丰安小区里，居民项元乃正在打理门前的花坛。她家依浦阳江而建，沿江的居民自发在门口栽种上鲜花，造就了浦阳江沿岸"花漫一条街"的风景。"如果花一直这么开下去，咱们浦江的风情，肯定不会输给那些欧洲小镇。"虽然女儿已在德国定居，但目睹这些年变迁的项元乃觉得：为什么要离开呢？未来这里的风光一定会更好。

资料来源：江帆、洪建坚：《水晶之都绿色蜕变——浦江以治水倒逼县域转型发展》，《浙江日报》2017 年 6 月 11 日，第 F0033 版。

 经验借鉴

自从实施"五水共治"以来，浦江短短三年内就焕然一新，水晶产业开启了转型之路，已然走向国际。治水，不仅使当地生态环境得以改善，还带动了当地旅游业的发展。"不舍·野马岭中国村"的建设，以及金狮湖的整治，是浦江污水治理的缩影，见证着浦江环境的巨变。随着环境的改变，浦江呈现出产业转型和绿色经济增长的新气象，当地人民对家乡的情怀越来越浓重。回顾环境改变和经济转型的全过程，其中的管理经验尤为可贵：①令行禁止。在浙江生态日前夕，浦江打响水环境综合整治攻坚战。配套"三改一拆""四边三化"的组合拳，全县关停取缔 20000 余家水晶加工户、拆除违法建筑 2.5 万处 622 万平方米，拆除水晶加工设备 9.5 万台。②资金支持。世界 500 强企业华信能源有限公司募集 100 亿元支持浦江水晶产业发展，为水晶产业转型注入强劲动力，浦江终于摸索出一条绿色发展之路。③追求人与自然和谐相处的理念深入人心。美丽环境成为浦江经济增长的绿色引擎，但人们没有忘记不堪的过去，依然以保护生态环境为己任，制止一切破坏环境的行为成为当地人的共识。④以治水为抓手，推动经济绿色发展。金狮湖经过治理之后，成为一个旅游胜地，其优美的环境吸引来国际越野跑挑战赛在此举行，不仅扩大了城市知名度，还吸引大批游客到此观光，推动了当地旅游业的发展，变美的金狮湖成为城市发展新的经济增长点。⑤巩固治水成果，重现诗画之乡风景。经过拆改，全县腾出 5800 余亩裸土，当地人采购各种花籽，播撒在路边、村边、湖边、江边，到了花季，漫山遍野的鲜花唤起了人们对美的追求。走进浦江农村，随处可见村民们自发美化公共绿地的身影。

浦阳江边，沿江的居民自发在门口种上鲜花，造就了浦阳江沿岸"花漫一条街"的风景，浦江诗画之乡的美丽风景又重回人们视线。

 本篇启发思考题

1. 建德市的治水拆违转型升级是如何实现的？

2. 杭州市智慧化监督治水 APP 是如何运作的？

3. 衢州的智慧平台"千里眼"对"五水共治"起到了哪些作用？

4. 城市产业依托治水实现绿色转型升级受哪些因素的影响？

5. "一线一点"基层治理"大溪模式"有哪些优势？

6. "钱塘江水地图"公众互动信息平台的主要应用有哪些？

7. 滨江版图上的"水循环系统"的"智慧中枢"对"五水共治"有哪些作用？

8. 根据本篇案例，你认为浙江省是如何实现工农业生产、城乡居民污水处理的"两覆盖""两转型"？

第五篇

城乡经验

一、衢州："五水共治"书写"大花园"美丽新篇章

 案例梗概

1. 衢州在"五水共治"方面取得了非常好的成绩，成为全国唯一一个国家级循环经济试点示范大满贯的地级市。
2. 保持定力，铁腕治水，注重创新。
3. 精准发力，攻克各重点难题。
4. 提升活力，转型建设生态环境，便民利民。
5. 合力治水，全民治水，严格监督，做到全面覆盖。

关键词："五水共治"，大花园，四力齐发，全面覆盖

 案例全文

2014~2017 年，衢州连续四年获浙江省"五水共治"工作优秀市"大禹鼎"，其中，2017 年度喜获"大禹鼎银鼎"。成功获批全省首个"两山"实践示范区，正式列入浙江省"大花园"建设的核心区。

衢州水环境质量连续多年保持全省领先，2017 年，全省治水促转型工作现场会、全省美丽乡村和农村精神文明建设现场会先后在衢州召开。

衢州拥有国家循环经济示范城市、国家循环化改造试点园区等 9 个国家级试点示范，成为全国唯一一个国家级循环经济试点示范大满贯的地级市。

120 多项创新性工作得到省委、省政府等领导批示肯定，其中 62 项要求面上借鉴推广。

四力齐发，钱江源头碧水畅流"衢州绿"，要点在于保持定力、铁腕治水不松劲。顶层设计，规划引领。衢州市委、市政府一如既往坚持践行"绿水青山就是金山银山"的发展理念，立足环境污染治理、污水治理设施建设、产业转型发展等，研究制定《水功能区和水环境功能区规划》《畜禽养殖禁限养区划分规划》《国家循环经济示范城市创建规划》等一系列规划，强化治水工作整体谋划，以最高标准、最严要求、最铁举措，打好治水长效战，厚植"大花园"的生态底本，推动生态文明建设迈上新台阶。

2017 年，衢州市出境水全部达到Ⅱ类水标准，比 2016 年提升一个水质类别。同时，衢州境内 13 个省控断面也全部达到Ⅱ类水，实现历史性提升。

夯实责任，铁腕治水。衢州连续四年正月上班第一天，召开全市机关干部大会暨"五水共治"万人推进会；连续四年实行重点治水任务市领导领办制，各级各部门齐心协力推动"五水共治"工作成为常态；将治水工作列入市对县综合考核、市级机关部门综合考核和百个乡镇分类争先考核三大考核，全面落实各项治水任务。

创新机制，注重长效。衢州创新跨境治水得到省委主要领导的批示点赞；实施全流域治理机制，构建了干支流、上下游、左右岸联动治理、联动保洁、联动巡查、联动考核机制。实施源头大管控机制，在全省率先建立乡镇交接断面和城市内河主要断面水质监测通报制度，建立全域覆盖的"天眼+天网"系统，24 小时全天候实时预警监控。实施项目化推进机制，四年来衢州在治污、防洪、排涝、保供等方面安排紧缺型、关键性重点项目 396 个，总投资 167.4 亿元。

精准发力，克难攻坚重突破。全省率先完成剿劣任务。2017 年 6 月底，衢州 1501 个劣Ⅴ类水体在全省率先全部完成整治；10 月中上旬，全省率先通过省对市剿劣验收，抽查水体合格率 98.6%，远高于 90% 的省定要求。

全面整治生猪养殖污染。衢州生猪养殖总量从 2013 年的 750 万头减少到 2017 年底的 200 万头左右；对规模养殖场进行改造提升，严格实行"两分离三配套"；对保留猪场全部安装智能电表、液位仪、监控探头等设备，纳入智慧环保 24 小时在线监控，成为全省首个生猪养殖污染监控全覆盖地级市。

全域治理城乡生活污染。坚持污水处理和垃圾处理两手抓，全市新建和扩容 10 座城镇污水处理厂，新增污水处理能力 13.94 万吨，对 7 座城市污水处理厂进行了提标改造，全部实现一级 A 排放标准。全市累计开展垃圾分类行政村达 1403 个，基本实现应开展农村生活垃圾分类处理行政村全覆盖。

全力保护提升饮用水源。衢州就乌溪江饮用水水源历史遗留问题、重点饮用水源项目建设、全市饮用水水源保护大整治三大方面展开攻坚，成效显著。

提升活力，转型升级惠民生。衢州以水引商，推进绿色转型。良好的水生态集聚吸引了旺旺、伊利、娃哈哈等一批大企业，涉水产业迅速成长为衢州支柱性产业之一。依托优质水资源，以开化清水鱼为代表的水产养殖业得以快速发展，供不应求。

以水美城，提升城市品位。衢州建设"千里水道、大美衢州"全市域河道生态景观带，信安湖、鹿鸣公园、西区大草原、水亭门和北门历史文化街区等已成为城市特色景区，彰显衢州"碧水之城"特质，吸引一大批精品赛事落地。

以水富民，发展美丽经济。衢州把治水与造景、美村等有机融合，治出独特的美丽经济新业态，涌现出江山耕读、常山黄塘、开化龙门等一大批 AAA 级景区村，以及薰衣香舍、峡里风驿站、桃溪小木屋等一批省级、市级精品民宿，全市乡村休闲旅游接待游客和直营收入连续四年保持 30% 以上增幅。

强化合力，全民治水成风尚。衢州实施治水满意度提升、治水宣传品牌、治水示范引领三大工程，动员全社会广泛参与。创新 12345"五水共治"有奖举报平台，开门治水；培育骑行河长、治水指导员等近万人的治水志愿者队伍。严督查。实行一月一督察、一交办、一约谈、一分析"四个一"督察机制，构建督事督人督责，事前事中事后的全方位、全闭合督察体系。建立"综合+专项+N"联动机制，形成市领导带队，市级部门发力，人大、政协同步开展的大督察格局。建立"十条军令""三否决七追究"等责任追究制度，铁腕治水。市、县四套班子带头担任河长，全市 1600 多名河长认真履职，实现市、县、乡、村四级河长全覆盖。同时健全基层治水组织责任体系，全面建立以乡镇（街道）、行政村（社区）、自然村（居民区）为三级责任网格的组织责任体系，实现政府管理向民间治理转变。

资料来源：达才金：《衢州："五水共治"书写"大花园"美丽新篇章》，《浙江日报》2018 年 6 月 5 日，第 F7 版。

经验借鉴

2014~2017 年，衢州在"五水共治"方面取得了非常好的成绩，其治水经验如下：①保持定力——铁腕治水、注重创新长效。衢州坚定不移地实施治水策略，以最高标准、最严要求、最铁举措，打好治水长效战，落实好治水工作、职责，并且创新工作机制。例如，跨境治水实施源头大管控机制，全方面、全覆盖、全时段的预警监控，投入大量的人力、物力，力求长效治水，终于获得好评。②精准发力——攻克各大难题。在全省完成剿劣工作后，全面整治生猪养殖污染问题，包括关闭落后养殖场、对养殖规模进行改造，并对养殖场实现监控全覆盖；全域治理城乡生活污染，做到污水处理和垃圾处理两手抓；全力保护、升级饮用水源。③提升活力——建设生态环境，造福百姓。良好的水生态环境吸引到更多的招商投资，带动水产养殖业快速发展；打造城市特色景区，彰显衢州"碧水之城"特质，吸引一大批精品赛事落地；把治水与造景、美村等有机融合，发展旅游业，造福百姓。④强化合力——全民治水、严督察、高覆盖。衢州发动全民治水，全民参与，构建督事督人督责、事前事中事后的全方位、全闭合督察体系，并实现市、县、乡、村四级河长全覆盖，健全基层治水组织责任体系，使治水工作有效进行。

二、金华："金华标准"让污水厂出水浓度降低 80%

案例梗概

1. 金华全力打造污水处理厂，试行尾水排放"金华标准"。

2. 水环境有所改进，污水处理厂排放的尾水反而成了污染源。

3. 深度提高污水处理厂的治污减排能力，推行高于国家标准的"义务标准"。

4. 按照"金华标准"制定绩效考核、奖惩制度，加大治污力度。

5. 对污水处理厂实行高密度监测、高标准考核，倒逼其绩效提升。

关键词： 污水处理，金华标准，治污绩效，雨污混流

案例全文

　　污水处理厂就像城市的"肾脏"，它"吃"进污水"吐"出清水，过滤着城市"血液"中的毒素和垃圾。但如果"吐"出的清水不达标，将会再次影响城市的水质。

　　从2016年3月开始，金华市区对4座集中式污水处理厂实行治污绩效考核，试行尾水排放"金华标准"，出水氨氮、总磷浓度分别比国家最高标准一级A排放标准提高80%和60%。4座污水处理厂总体情况较好，出水浓度大幅下降。

　　金华市区城乡环境通过治水发生了很大变化。随着污水处理设施建设日渐完善，原本污水横流、雨污混流的情况得到一定改观。

　　2015~2016年，金华市新建成投运10座污水处理厂，新建城镇污水管网971公里，新增日污水处理能力29.8万吨。城乡生活污水绝大部分将纳管处理，污水处理厂逐步成为城市污水的总排口，运营管理的重要性日益突出。

　　从市人大常委会2015年11月的专项督察来看，金华市部分污水处理设施存在正常运行率低的问题。金华市环保部门相关负责人表示，现有的国家污水处理厂排放标准制定时间较久，相关标准数值也比较高，总磷、氨氮分别是地表水Ⅲ类标准的2.5倍、5~8倍，外排尾水浓度仍非常高。一定意义上说，污水处理厂外排尾水反而成了污染源。还有一些污水处理设施或间歇运行，或处于无专人管理、无资金保障、无处理效果的"三无"状态。

　　在污水处理提高标准方面，义乌在2013年就开始探索。两年来，义乌逐步开始在该市9座污水处理厂推行严于国家标准的"义乌标准"，出水氨氮、总磷浓度分别比一级A标准提高80%和20%。9座污水处理厂通过增加处理设施、完善处理工艺、改进运营管理等措施，提高了处理深度，降低了排放浓度，排放尾水回补义乌江和城市内河，相当于一座3000万立方米中型水库的生态水量，带来干流水环境质量显著提升。2015年1~7月，义乌市塔下洲断面从劣Ⅴ类提升为Ⅳ类，该市23条支流中劣Ⅴ类支流从17条减少到7条，Ⅲ类水质以上支流从2条增加到4条。

　　在这种背景下，金华市政府把着眼点放在提高排放标准、加强日常监督、构建利益激励机制上，倒逼污水处理厂深度处理，使外排尾水逐步向Ⅲ类地表水靠近。

"金华标准"突出治污绩效。记者了解到，推行"金华标准"的4家污水处理厂为秋滨、临江、金东和金西污水处理厂。

　　根据考核方案，第一阶段考核指标确定为氨氮和总磷两项，其中氨氮指标 1mg/L（比一级 A 排放标准提高 80%）、总磷指标 0.35mg/L（比一级 A 排放标准提高 30%）。具体从三个方面进行考核：监督性监测达标率，市环境监测中心站每周一次监督性监测，污水处理厂外排废水各项指标都要达到一级 A 排放标准，其中氨氮、总磷指标浓度分别大于等于 1mg/L、0.35mg/L；在线监测月均值达标率，污水处理厂实行 24 小时在线监测，氨氮、总磷指标月平均浓度分别大于等于 1mg/L 和 0.35mg/L；在线监测日均值达标率，在线监测氨氮、总磷指标日平均浓度分别大于等于 1mg/L、0.35mg/L 的天数，要占当月天数的 80% 以上。只有以上三项指标同时达标，该污水处理厂月度考核才算达到"金华标准"。

　　根据金华市政府的奖励规定，外排废水考核达标且化学需氧量月平均进水浓度不低于 100mg/L 的，每厂每月奖励 5 万元；连续 12 个月外排废水考核达标的，在月奖基础上另奖 10 万元；外排废水达标的，每吨补助运行费用 0.1 元。如果未达到标准，每家厂则按月处罚 5 万元；每周监督性监测不达标的，扣除当天 50% 的污水处理费。

　　按此测算，在 3 月考核中，临江、金东污水处理厂达到"金华标准"，根据考核办法每厂奖励 5 万元，每吨补助 0.1 元；金西污水处理厂达到一级 A 标准，按达标天数每吨补助 0.1 元；秋滨污水处理厂未达到一级 A 标准考核，按考核办法处罚 5 万元，扣除监督性监测超标当日 50% 运行处理费。在 4 月考核中，临江、金东污水处理厂达到"金华标准"，但临江污水处理厂进水月均浓度未达到 100mg/L 要求，不能享受 5 万元奖励；秋滨污水处理厂月度预考核达到一级 A 标准，但未达到"金华标准"。

　　绩效考核除了经济奖罚，还要对厂方负责人实行行政责任追究。若半年内有 2 次及以上月考核未达到"金华标准"，由行业主管部门对污水处理厂主要负责人进行约谈，责令其限期整改；若一年内有 4 次及以上月考核未达到"金华标准"，由干部主管部门对污水处理厂主要负责人进行约谈，并提出组织调整动议。"列入标准考核后，我们感到压力很大，平时对工作也不敢有丝毫马虎。"一污水处理厂负责人说。

　　雨污混流问题。据了解，为了让"金华标准"得以更好体现，环保部门实行高密度监测，2016 年 3 月，共组织监督性监测 4 次，其中第 1 次为 18 项全指标监测，其他 3 次监测氨氮、总磷和化学需氧量（进水），每天 24 小时在线监测；4 月，共组织监督性监测 5 次，其中第 1 次为全指标监测，其他 4 次监测氨氮、总磷和化学需氧量（进水），每天 24 小时在线监测。

金华市治水办项目一部相关负责人说，对污水处理厂实行高密度监测、高标准考核，能对污水处理厂起到很好的倒逼激励作用，推动了污水处理厂治污减排绩效的明显提高。从监督性监测数据来看，市区 4 座主要污水处理厂还存在进水浓度不稳定问题。2016 年 4 月，市区降雨密集，污水处理厂进厂污水浓度明显下降，其中化学需氧量指标下降尤为明显。秋滨、临江、金东、金西污水处理厂进水平均浓度分别为 172mg/L、93mg/L、242mg/L 和 135mg/L，分别比上月下降 34%、31%、5% 和 30.4%，这说明存在比较严重的雨污混流问题，大量雨水进入污水管网，让这些密布于地下的城市"静脉"不堪重负。尤其是临江污水处理厂和秋滨污水处理厂一期工程，进水化学需氧量更是严重偏低。

该负责人认为，金华治水尽管取得许多成效，但一些城市基础性问题不容忽视。"各区要对污水管网分布运行情况进行全面排查，推进雨污分流、清污分流工作，确保污水处理厂进水浓度。另外，污水处理厂在线监控系统也应尽快落实，促使'金华标准'得到更好推广。"

资料来源：张帅：《"金华标准"让污水厂出水浓度降低 80%》，《金华日报》2016 年 5 月 24 日，第 A04 版。

 经验借鉴

金华对 4 座集中式污水处理厂实行治污绩效考核，让污水厂出水浓度降低 80%。其经验如下：①制定严于国家标准的排放标准。金华的城乡环境在治水工程的开展下取得了显著的效果，水环境明显改善，污水处理厂反而成为排污的主要问题，金华市政府深度挖掘污水处理厂的治污减排能力，把污水处理厂的积极性调动起来。②实行奖惩机制，突出治污绩效。在秋滨、临江、金东和金西污水处理厂推行"金华标准"，第一阶段考核指标确定为氨氮和总磷两项，只有以上 3 项指标同时达标，该污水处理厂月度考核才算达到"金华标准"，并予以相应的奖励；如果达不到标准，则会有一定的惩罚并对负责人实行行政责任追究，从而使污水处理厂的负责人提起高度的重视。

③高密度监测与高标准考核，倒逼污水处理厂提升治污减排能力。环保部门组织高密度的监测、高标准的考核，对污水处理厂起到良性的震慑作用和倒逼激励作用，推动污水处理厂的治污减排绩效明显提高。

三、湖州：发展生态经济　赢得"绿色红利"

 案例梗概

1. 湖州全市 8 个主要入湖水质持续 9 年保持在Ⅲ类水以上。
2. 利用苕溪清水，在入湖口开展国家水体污染控制与治理科技重大专项的研究。
3. 渔民全部上岸，整顿湖鲜餐饮业。
4. 整顿涉污企业后，培养新能源企业，并吸引更多的招商投资。

关键词：水污染防治，蓝藻打捞，"绿色红利"，招商引资

 案例全文

"苏湖熟，天下足"。苏指苏州，今江苏吴中区一带，太湖以东。湖指湖州，今浙江吴兴一带，太湖以南。湖州是浙江省太湖流域水污染防治的前沿阵地。2017 年湖州 8 个主要入湖口水质连续 9 年保持在Ⅲ类以上，未出现大面积蓝藻暴发情况。

湖州市是如何做到的？

其一，"水畅其流、清洁入湖"。行走在义皋村，溇港、古桥、古街、传统民居等风貌独特，原汁原味地保留了太湖古村落的历史韵味。这里，曾经是一片滩涂消落区，后来依靠先人的智慧，人们不但在此定居，还通过建立溇港圩田系统，将东西苕溪来水顺利泄入太湖。太湖溇港文化驿站顾问沈林江介绍称："正是得益于溇港系统的穿针引线，湖州境内的水库、塘堰、太湖、苕溪和沿线湖漾，交汇整理成为具有'上拦、中分、下泄'功效的水利工程系统，发挥了'涝则排之旱则引之'的作用。"

2017 年，针对入湖口，湖州市采取了一系列举措，苕溪清水入湖工程就

是其中一项。工程通过实施苕溪流域引、排水通道的综合治理，实现"水畅其流、清洁入湖"，减少进入太湖的污染负荷，改善太湖流域的水环境状况，提升苕溪流域和长兴平原的防洪排涝能力。

"十一五"规划期间，在入湖口地区进行了国家水体污染控制与治理科技重大专项的研究，并取得了阶段性成果，使入湖口区域污染得到初步遏制，有效地改善了苕溪的入湖水质。目前，正在建设20平方千米以源控、截留、生态修复等技术为核心的入湖缓冲区污染减负与水生态修复综合示范区。

其二，"目前渔民已全部上岸"。在小梅港沿岸，矗立着一幢幢江南风格的美丽民居，曾经的渔民在这里安居乐业，一艘艘渔船停在岸边已化身为一道特色风景线。湖州太湖度假区管委会党委委员、生态文明办主任王阿平说："以前渔民吃住在渔船上，对水质造成不良影响。为了保障入湖水质，湖州市实施了渔民陆上安居工程，目前渔民已全部上岸。"据了解，湖州市投入资金1.6亿元，实施小梅村（太湖渔民村）渔民184户上岸工程，拆除居家船和辅助船只230条，建造了3.2万多平方米的渔民新村，安置渔民750多人，每年减少直排太湖的生活污水60余万吨。

此外，湖州市累计投入近6亿元，开展湖鲜餐饮集中整治，整体拆除太湖湖鲜街24条水上餐饮船，建成了既保留太湖渔家传统特色又具有浓郁的现代气息的湖滨码头商业街（渔人码头），每年减少直排太湖污水5万余吨。南北水塘里，水质清澈见底，一簇簇水草在水中摇曳，鱼儿游来游去。太湖度假区管委会社会发展局副局长沈斌强说："这就是投入1000多万元打造的'水下森林'。水下种植各种水草，靠植物来削减氮磷。目前，南北水塘水质达到Ⅱ类。"

在太湖南岸，吸入的蓝藻湖水在船上经过处理，排出干净的湖水，蓝藻泥则被拉到打捞站进行再处理。据了解，自2007年5月开展蓝藻监测工作以来，湖州共设太湖蓝藻预警监测断面12个。投入500多万元，开展蓝藻打捞及无害化处理，并成立专业蓝藻打捞队。几年来累计打捞蓝藻15余万吨，处理藻泥及水面污物6000多吨。

其三，"环境变好了，招商引资吸引更多企业"。湖州市结合"五水共治"、全面剿劣行动等工作，累计投入30多亿元，清除太湖水面养殖围网，关闭了三狮水泥厂、雀立水泥厂、瑞森纸厂、鼎立印染厂等全部工业涉污企业。全面完成"水十条"中金属表面处理行业整治，完成"低小散"企业整治提升1000家，全面完成工业集中园区"零直排"工作，市域范围温室龟鳖养殖实现"全域清零"。

在湖州生态地图上，有唯一一家首批入选的工业单位，它就是位于长兴县和平镇的天能动力能源有限公司。这一公司为何可以入选生态地图？原来这是一家动力储能蓄电池生产和废铅蓄电池循环利用基地，打造闭环型绿色产业链。厂区80%的中水回用到生产车间，比同行业企业减少62%的新鲜水使用率。站在厂区一座假山前的喷水池旁，宛若身处公园，景色宜人。不远处有几个大小不一的污水处理池，水在哗哗地流淌，池中还有鱼儿自在畅游。据企业负责人介绍，废水处理量达40吨/小时，处理所得新水可达到国际先进标准，实现污水到新鲜水再用的良性循环。浙江天能动力能源有限公司吴建立说："除了回用外，还有一部分水外排到和平镇污水处理厂，经过再处理以后排入太湖上游的重要支流西苕溪。这样，大大减少了西苕溪的污染源。"

湖州市以设施提升和环境改善为重点，开展绿色矿山提档升级。长兴县地质构造复杂，矿产资源丰富。来到德宁矿山，不见轰隆隆的噪声，不见尘土飞扬。经矿山工作人员介绍，厂房用了隔音棉避免噪声，生产车间全封闭避免粉尘污染。更为重要的是，冲洗矿石的泥沙废水全部进行了回用，这对西苕溪来说，是何等幸事。虽然解决了矿山的粉尘、泥沙废水和噪声污染三大难题，但是长兴县在关掉了西苕溪沿岸25家矿山后，仅剩的3家矿山企业在采矿许可证到期后，也要逐步关闭。

关闭这么多矿山，经济受不受影响？长兴县和平镇相关负责人表示："虽然关闭矿业，经济发展不可避免地会受到一定影响，但是投入环境保护，环境变好了，却可以招商引资吸引更多的企业。"这是一举多得。当地既得到了良好的生态环境，保护了太湖重要支流西苕溪，也利用发展生态经济赢取了"绿色红利"。

资料来源：查玮、赵娜、晏利扬、王雯：《发展生态经济　赢得"绿色红利"　湖州疏通入太湖毛细血管》，《中国环境报》2017年9月8日，第02版。

 经验借鉴

湖州作为太湖流域水污染防治的前沿阵地，8个主要入湖口水质连续9年保持在Ⅲ类以上。其治水经验如下：①苕溪清水入湖，进行国家水体污染控制与治理科技的重大专项研究。湖州巧妙利用前人的智慧，开展苕溪清水入湖工程，在改善太湖流域水环境状况的同时，提升苕溪流域和长兴平原的防洪排涝能力。在入湖口地区，进行国家水体污染控制与治理科技的重大专项研究，并取得了阶段性成果。②"渔民上岸"，整治湖鲜餐饮业，及时遏制蓝藻问题。为保障入湖水质，湖州要求渔民全部上岸，同时实施渔民陆上安居工程，投入大量资金，确保渔民全部上岸；开展湖鲜餐饮的集中整治，减少污水排放，建成的湖滨码头商业街既保留太湖渔家的传统特色，又具有浓郁的现代气息。同时，成立专业的蓝藻打捞队，把局部的蓝藻问题扼杀在摇篮里。③改善环境的同时，吸引更多的商业投资，促进经济增长。湖州市投入大量人力、物力，整顿清除工业涉污企业，实现"零直排"，同时也鼓励和支持新能源、新科技企业。湖州市以设施提升和环境改善为重点，开展绿色矿山提档升级，关闭矿山、改善环境，吸引更多的企业进行商业化投资，赢得"绿色红利"。

四、富阳：治水绿城润民心

案例梗概

1. 富阳致力于建设生态环境，清水治污，整治环境，改善民生。
2. 淘汰部分落后的造纸产业，减少污水排放，坚持依法关停、赢得民心。
3. 产业升级转型与企业兼并重组促进资源合理利用。
4. 建设生态经济，利用新科技，发展绿色 GDP。

关键词： 造纸产业改造，企业转型，"三公"原则，清水治污

　案例全文

富阳，走出过晚唐诗人罗隐、元代大画家黄公望、现代文豪郁达夫……一江春水曾是富阳人生活和心灵的滋养。近年来，富阳通过国家环境保护模范城市复核、国家卫生城市复评，荣获中国最具幸福感城市称号。这里，曾经是、今天依旧是一片人居的乐土、绿色的家园。当经济建设与环境保护的

协调发展越来越成为一项严峻的课题，富阳人坚决果断地提出了"环境立市"的重要战略。

清水治污、整治环境是落实科学发展观、实现可持续发展的必然要求；既是推进工业经济结构调整、推动产业转型升级的重要举措，也是维护人民群众根本利益、实现民生为本的根本要求。治水没有休止符，事实上这是一次关于发展观念的重新思考和深刻反思。

优美的生态环境是最公平的公共产品，是最普惠的民生福祉。未来的环境如何，完全取决于今天我们的选择。我们要做的就是与环境"对表"，与民生对接，让两者相向而行。

做"加法"是发展，做"减法"也是科学发展。2013年，富阳市造纸行业进行"第六轮"落后产能淘汰工作。这就好像搭积木，越垒到上面，难度越大，要求越高，需要付出的决心和努力也越大。

富春江富阳段52公里，造纸是主要的污染因子。2013年开始，富阳下决心加大力度整治造纸业。2013年富阳关停60家企业、拆除66条生产线，87家企业通过整治提升顺利完成验收，造纸废水年排放量减少了3500万吨以上，削减率达30%。

富阳位于钱塘江上游，特殊的地理位置对其环保工作提出了更高要求。就淘汰造纸业落后产能来说，国家的标准是1万吨以下，浙江省的标准是4万吨以下，富阳的标准则是5万吨以下。这是什么概念呢？富阳市有关部门领导解释说，2个3吨的生产线也不能和1个5吨的生产线比，产能越高机器的价值越大，提高标准意味着"断腕"的决心越大。

清水治污，整治环境，关键是要得人心，顺民意。创办于2000年的华强纸业，是洞桥镇的明星企业。对老板王荣华来说，华强纸业就像自己一手养大的孩子，十多年的企业让他一下子关掉，毕竟是很舍不得的。"为了我们大溪村的生态环境，也为了富阳造纸产业的整体发展，像华强这样的低小散企业是应该关停了。"

赢得老百姓的心，对工作的推进最为有效。不仅要赢得普通百姓的心，也要赢得关停企业主的心。只有坚持依法关停，坚持"三公"原则，坚持有奖有惩才能体现整治工作的科学合理。

无论是落后产能企业的名单确定还是有关政策的制订，都坚持公开、公平、公正的原则，不仅下发文件公布，还通过媒体进行公示，欢迎和接受全社会的监督举报。同时，对关停淘汰制订有关政策给予扶持和激励。2012年以后，在关停大量造纸落后产能中，在获得省、市环保部门支持的前提下，富阳采用排污权交易、产能置换、环境容量置换的办法，既确保了造纸落后产能的顺利关停，又确保了社会的稳定，这实属不易。2015 年，富阳造纸企业将从 2012 年底的 237 家减少到 100 家以内。减量不减质，力在治水，意在转型。

在富阳，不再单纯倚重经济发展的规模与速度，转而追求发展的质量与内涵，这一路径的选择坚决果断。从造纸到造高尔夫球，对于这样的转变，俞新民心里早已盘算了很久。"我们本可以保留生产到 2015 年，但市场竞争力不足，又影响水资源，还不如提早转型。"正在拆除的富阳新民纸业的破旧厂房里，用塑料膜罩着的高尔夫球生产机器格外显眼。企业每年有近 8000 万元的产值，2013 年 6 月，他提前关停造纸生产线，利用原有的土地转型升级，新办起了高尔夫球生产企业。

"我们造纸行业总数在大幅度地缩减，但行业的整体水平并没有下降，甚至是有所提升。"富阳经信局相关负责人说，富阳的造纸业是减量不减质。治水倒逼产业转型升级，富阳人已经从愁眉苦脸的"忍痛割爱"阶段，开始走向喜笑颜开的"柳暗花明"阶段，转型升级已经大规模在富阳造纸行业中拉开帷幕。

2013 年 8 月 23 日，富阳市造纸行业整治提升工作领导小组对永泰集团进行了整治提升验收评审。"整治提升工作开展后，整个厂容厂貌有了较大的改善，节能减排成效显著，并对周边环境起到积极的保护作用，间接效益不可估量。"永泰董事会秘书陈波感慨道。富阳市已有 87 家造纸企业对照《浙江省造纸企业整治验收标准》，通过改进生产工艺、实施中水回用和能源阶梯使用等有效措施，原地整治提升并通过验收。

环境整治，整出了富阳纸业发展的新思路，开阔了未来发展的新视野。通过构筑产业内部、产业之间循环链，推广中间产品、副产品、废物循环利用，富阳推动着造纸产业的升级换代。根据《富阳市造纸产业转型升级规划》，富阳继续优化造纸行业发展空间布局。通过整合园区资源，以春南、清园、春江、大源、灵桥五家集中式污水处理厂和三星、环保热电、清园、永泰四家热电厂为中心，在江南造纸园区内布局 5 个造纸企业集聚区块。在此基础上，鼓励打造集造纸、治污、供热三位一体的大企业集团，实现竞争力和延伸能力的提升。

企业间的兼并重组，让企业资源得到最大限度和最高效益的利用。金鑫纸业、润通纸业等7家造纸企业是整治中淘汰关停类企业，但企业主都有强烈的意愿通过兼并重组实现企业的升级。2014年，金鑫纸业有限公司兼并收购了这7条生产线，这或许就是这个大蓝图中的一个小小尝试。

未来的金鑫纸业厂区正在拔地而起，董事长胡永明踌躇满志：只要企业这个"一票否决"的环评报告审批通过，新上的生产线有足够好的设备和技术把污水排放量减下来，将废塑料进行严格管理。到时候造纸污泥经过处理后，还会全部予以回用，最大限度地降低对环境的污染。

富阳以造纸为主的区域经济在全省具有典型性，这一次大规模大力度的整治提升或许真正震动了行业的神经。改变低小散的产业布局，走向真正有影响力、有竞争力的产业集群，这是一次"痛并快乐"的契机。"通过政府引导，龙头企业承担技术引领、品牌带动作用，其他企业做配套或相关产业，实现协同创新，从而带动整个产业集群的转型升级。"浙商研究会执行会长杨轶清的这个意见已经在富阳的实践中得到印证。

生态经济：绿色GDP的富阳实践，如何对污染企业排污实现有效的管控，一直是让环保部门头痛的问题。2013年9月，富阳市灵桥镇创新推出了"刷卡排污"的管控方式。刷卡排污就是企业将污水集中到一家处理中心，通过刷IC卡来有偿处理污水，就像先给手机充值，再通话消费一样。不同的是刷卡排污会根据企业规模，每年有排污总量和浓度的上限，一旦达到就不能再排。这个方式实现了企业环境管理从浓度控制向浓度、总量双控，政府环境管理职能从管理型向服务型的"双重"转变。

现在的生态不仅是一种环境，也是一种生产力，而且可以成为区域发展的核心竞争力。只要找准经济发展和生态保护的最佳结合点，就能把生态优势转化为经济优势，"绿水青山"也就能成为"金山银山""绿色银行"。在浙江板桥清园环保集团，有一套专门"吃泥"的设备，就是投资2.55亿元的富阳市污泥焚烧资源综合利用一期工程。污水、污泥是造纸产业最大的污染物。污泥中既含有氮、磷、钾等植物养分，也藏有微量重金属和病原菌，直接倾倒的危害很大。据板桥集团董事长喻正其介绍，这套设备平均每天要"吃掉"1500吨臭烘烘的污泥，"吐出"60万度电能和超过2000吨蒸汽，每年依靠污泥循环的发电量在2亿多度。

《关于全面推进"美丽富阳"建设的实施意见》中明确指出，现代纸业要加快实施以污水处理及中水回用工程、集中供热与节能工程、固体废弃物综合利用、原材料节约与保障工程"四大工程"为重点的循环经济体系建设，打造循环经济产业链，力争成为国家级循环经济示范基地。"思路一变，压力变机遇"。原来让人头疼的污泥、污水、废塑料一旦经过科学利用，也许还能为富阳探索出一条生态经济的新路子。作为支柱产业，春江街道经济总量中有九成来源于造纸行业。富阳116家造纸企业2013年关停了24家。

富阳把紧接造纸工业园区的区块作为环保隔离带，隔断工业废水、废气对居民生活生产的影响，并通过商业房的建设和旧厂房的改建，形成种类齐全的小型CBD。相关负责人表示，"这样做不仅出于生态保护考虑，同时也为那些关停企业主考虑。他们从事这个行业几十年，一下子转型很难转过来，给他们创造从事三产的机会，可以让他们有个过渡。"

此外，富阳也在探索如何针对不同纸种对水质的不同要求，实现园区内水资源的阶梯式循环利用；如何通过生物养殖等手法来净化区域内的中水，真正打造一个绿色的春江。

资料来源：朱凤娟、富阳：《治水绿城润民心》，《浙江日报》2014年1月18日，第008版。

 经验借鉴

①做"减法"，淘汰落后产能。造纸是富阳的主要污染因素，因此富阳下定决心整治造纸产业，淘汰落后的造纸产能，同时在推进整改工作中赢得民心，让百姓明白整改造纸业是为人民谋福祉，让落后企业自愿关停的同时，政府还确保了后续的完善工作，既保证落后造纸产能关停，又确保社会的稳定。②治水过程中利用契机、谋求企业转型升级，关停与兼并重组相结合，发挥企业资源最大作用。治水过程中造纸产业谋求出路，或者关停低小散企业，或者对大型造纸企业进行整改，或者通过企业间的兼并重组，促使企业资源发挥其最大作用，从而推动企业的转型升级，实现经济发展模式从规模与速度到内涵式增长的转变。③打造生态经济，实践绿色GDP。采取"刷卡排污"的方式对企业排污实现有效控制，促使企业环境管理从浓度控制向浓度、总量双控制，政府环境管理职能从管理型向服务型的"双重"转变。一方面，企业生态优势可以转化为经济优势。另一方面，利用科技将原先的污水、废塑料再利用，打造生态经济。

五、嵊州：重建"山水生态"　再现"诗画剡溪"

 案例梗概

1. 嵊州治水的重点在于治理剡溪生态，为此制定目标、开展行动。
2. 政府实行"三级联动，万人参与"剿劣行动，全面调动民众的参与度。
3. 确定六个重点攻坚的水体，对此予以"精准治理"。
4. 出台最严的法案倒逼产业升级转型。
5. 打造"诗画剡溪""美妙三公里""艇湖城市公园"民生工程，治环境又利民。

关键词："五水共治"，万人剿劣，一渠一组一策，转型

案例全文

剡溪清，则嵊州清；剡溪美，则嵊州美。剡溪，是嵊州的母亲河，地处"绍兴第一江"曹娥江的上游，水系几乎涵盖了该市的各个角落。

无论是过去几年的"五水共治"，还是 2017 年的重点战役剿灭劣 Ⅴ 类水，嵊州治水，某种意义上都是在治理剡溪的生态，再现"诗画剡溪"和"浙东唐诗之路"山水人文美景。

自全省召开剿灭劣 Ⅴ 类水工作会议以来，嵊州市制订出台了《Ⅴ 类水和 Ⅳ 类水剿灭战役行动方案》，明确了推进治污水"八大行动"，再一次打出"全民治水、源头治水、依法治水、工程治水"等实招，自我加压，拉高标杆，提出了"灭 Ⅳ 减 Ⅲ 增 Ⅱ"的工作目标，确定了到 2017 年底全域剿灭 Ⅳ 类水、66 个主要河道断面全面达到 Ⅲ 类水以上、出境断面章镇达到 Ⅱ 类水等工作要求。

经过嵊州市上下的同心协力，截至 2017 年 5 月底，全市 66 个市级主要河道"河长制"监测断面，Ⅰ～Ⅲ 类水的比例为 87.9%；481 个疑似劣 Ⅴ 类小微水体，已全部完成治理；完成清淤 57.17 万立方米，占年度任务的 114.3%。同时，防洪排涝工程、截污纳管工程、节水工程等都在顺利推进。

如今，"诗画剡溪""美妙三公里"等工程的建设，扮靓了嵊州的生态环境，提升了市民的休闲品质。治水，正在改善着这个城市的宜居环境……

三级联动剿劣，见证全民力量。治水，最终是为了让群众得益。如何让干部群众参与其中？嵊州重点实施了"三级联动剿劣"，以点带面推动工作。

2017 年 4 月 8 日，嵊州市上演了一场"万人剿劣集中行动"——从市级四套班子领导，到市级部门全体机关干部，到镇村全体党员干部，有的进村入户开展宣传，有的到沟渠开展清淤，有的到河道开展保洁。这是由嵊州市委、市政府组织策划的"三级联动，万人参与"一线剿劣行动，74 个部门的机关干部，全员下到 21 个乡镇的 491 个村，与遍布各地的河塘沟渠来了一次"亲密接触"。在此带动下，"村嫂"志愿者参与进来了，热心的市民参与进来了，企业职工也参与进来了。城乡上下、村庄内外、房前屋后，渠道里、池塘边、小溪旁，到处可见忙碌的身影。

这一战，昭示着嵊州市"全民总动员、打好剿劣战"专项行动的序幕正式拉开。根据嵊州市的统一部署，从 2017 年 4 月开始，每个月开展两次剿劣行动，全体机关干部利用双休日时间，到挂联的镇村一线开展剿劣行动，助力全市 V 类水、IV 类水剿灭工作，促进全市上下治水拧成一股绳、连成一片心。

剿劣，是对"五水共治"的一个再深化、再提升之举，是由"治标"向"治本"进发的一场新战役，标准更高，任务更重，难度也更大。显然，只有"全民治水"，才能"全力治水，全域治水"。

嵊州确实具有这样的"全民基础"。且不说担有治水之责的全市各级领导和党员干部，就说 2017 年 3 月刚刚捧回一个由中宣部、中央文明办颁发的"国家级"大奖——"全国最佳志愿服务组织"荣誉的"嵊州村嫂"，就是一支不可小觑的、巨大的民间力量，她们不但拥有 8000 多名成员，还有着三年多的治水经验与治水热情。

据嵊州市治水办的分管负责人介绍，每月两次的"三级联动剿劣"行动，其实是各有侧重、各有考量。市四套班子领导和市级部门全体机关干部，既是剿劣行动的战斗员，又是剿劣行动的监督员。从开始的一起动员部署、一起排查摸底、一起制定方案、一起攻坚整治，到后来的对照标准、现场查验，还需要对每一个水体的剿劣情况进行"签字画押"，这对于治理的责任单位和有着"捆绑责任"的 74 个挂联单位，都将是一次次真正的"面对面考试"，谁都不敢掉以轻心。

每到双休日，嵊州市级部门都会安排一定的人员，到挂联镇村、到基层一线，与村内党员干部、志愿者一起参与小微水体的治理、督察工作。

　　一渠一组一策，提升治水实效。治水三年，难免会留下一些因为种种原因久攻不克的几个"老大难"问题。陈塘渠、黄塘渠、爱湖渠、工农排涝渠、城北排涝渠、城西湿地公园这"五渠一园"，被嵊州市委、市政府确定为重点攻坚的6个重点水体，而给予"精准治理"。

　　根据部署，对481个疑似劣Ⅴ类小微水体，全部以镇、街为单位，按照"五张清单一张图"的要求，建立了污染水体、污染成因、治理项目等工作清单，形成了"一点一策"作战计划和作战方案。

　　而对这"五渠一园"，则实行更高标准的"一渠一组一策"治理，开展重点攻坚。市里专门成立了"技术专家服务团"，聘请了中科院、浙江大学、浙江理工大学等科研院校的15名专家，利用专业的力量、智慧的力量，对每一个水体开展一对一的全面"诊疗"，并量身定制了"一渠一策"治理方案。为了加大工作推进力度，由嵊州市委书记、市长等6名主要领导领衔挂帅，实行集中攻坚，确保"五渠一园"水质得到全面提升。

　　市领导的带头，专家团队的智力助阵，为剿劣工作的顺利展开，打开了一个全新的局面。针对"城北排涝渠"周边企业较多的实际，联系市领导牵头多个职能部门，完成了49家企业的查纠整改工作，对其中5家环境治理设施不达标的企业，进行了立案调查，起到了很强的震慑作用。

　　针对"工农排涝渠"由于截污纳管不彻底、雨污不分的实际，联系市领导协调职能部门和属地单位，实施了截污纳管工程建设。施工过程中，工农排涝渠部分暗渠内场地狭窄，完全不具备机械作业的条件，再加上沟渠内有大量的残留废弃物，暗渠内气味很重，在这样的环境下，清理淤泥、回填卵石、浇筑混凝土底层、埋设集污管道等，全部由工人进入暗渠进行作业。经过3个月的集中攻坚，积累了30多年的淤泥清理出来了，并完成了整条渠道的截污纳管工程，排污口全部纳入城市污水管网，附近居民再也不用闻臭味了。

　　截至2017年6月，"五渠一园"的治理工作取得了实质性的成果，各项水质检测指标明显改善，其影响水质最重要的指标之一"高锰酸盐指数"，从2015年的劣Ⅴ类水，提升到Ⅳ类水标准。

　　实行最严执法，倒逼产业转型。从2014年开始，嵊州市就实施了对印染、化工、造纸等行业的治理，为确保剿劣工作的全面胜利，2017年嵊州市再次启动了对印染、化工、造纸三大污染行业的集中整治。3月，制定出台了印染、化工行业整治提升行动方案，按照"关停淘汰一批、兼并重组一批、对标提升一批"的原则，全面开展整治，倒逼转型升级。对造纸企业，则重点开展去污、去烟、去异味整治行动。4月，由原嵊州环保局牵头，经信、安监、综合行政执法、质监等9个部门会同属地联合执法，对20家印染企业、13家化工企业全面开展了对标摸底工作。

嵊州市还出台了《环境违法"黑名单"管理办法》，对各类环境违法行为做到"零容忍"。2017年1~5月，已经累计出动执法检查6346人次，检查企业2023家，同比分别增加26.7%、19.3%；立案查处企业59家，取缔企业21家，分别同比增加59.5%、61.5%；移送公安机关环境违法案件8起，其中刑事拘留5起16人，行政拘留3起3人。

同时开展工业园区治理，淘汰落后产能企业，整治"低小散"企业。截至2017年6月，已关闭退出工业园区8家、整治提升3家，淘汰"低小散"企业11家、整治51家。而对规模以上畜禽养殖场的治理，在召开"养猪绝不污染环境"誓师大会的同时，431家规模畜禽养殖场全部向嵊州市政府提交了达标排放承诺书，承诺做到达标排放，绝不污染环境。

推进工程治水，打造魅力水城。"诗画剡溪""美妙三公里""艇湖城市公园"，堪称最为百姓称道、因治水而衍生的嵊州三大"民生工程"。

剡溪，既是嵊州的"母亲河"，也是"浙东唐诗之路"的重要组成部分。剡溪美不美，可谓嵊州生态环境的一个标志。因此，这条绵延数十公里的剡溪，一直是嵊州治水、治污、治违的主战场之一。

"诗画剡溪"，无疑是一个让人心向往之的浪漫之名，起初，这是一个名为"曹娥江综合治理工程"的省级重点水利建设工程。嵊州市委、市政府本着"效益最大化"的考虑，决定将其提升为景观工程和文旅工程，以让这一条千年剡溪，真正蔓生诗情画意，成为"浙东唐诗之路"的一条重要旅游景观带。

"诗画剡溪"工程全长18.7公里、总投资2.7亿元，于2015年9月动工。该工程在提升水利功能的同时，已成为嵊州治水的一个标志性景观，也是嵊州市民休闲健身的又一个美丽去处。而位于嵊州市中心的"美妙三公里"滨江公园，同样是该市"治水工程"与"景观工程"融为一体的又一佳作。

近年来，城市河道几乎都是由混凝土围合，成为一条条"渠化"河道。为了寻回山水城市的诗情画意，给市民营造一个可以亲水、近水、乐水的城市休闲平台，嵊州市在建设滨江公园时，特意命名其为"美妙三公里"，旨在打破这一尴尬。公园内设计了生态体验区、康体游憩区、娱乐展示区三大功能区块，亭台、阁榭、堂馆、球场、游乐园和各种休闲、演艺广场应有尽有，真正体现了与生态共生、与活力共享、与文化共融的曼妙体验和享受，成为新嵊州作为"品质之城"的一个典型亮点。而规划建设中的艇湖城市公园，也是借"五水共治"的契机，才让这片曾经"脏乱差"的城乡接合部，有了重生、新生的契机。三个重要节点上的工程治水，不但大大改善嵊州的水环境，还与剡溪支流澄潭江之畔的"越剧小镇"一起，串珠成线，形成一条剡溪黄金水上旅游线。而嵊州，也将成为名副其实的魅力水城。

治水，其实是最大的民生。因为治的是环境，获益的则是市民。绿水青山的"回归"，休闲设施的不断完善，无疑给市民的生活、工作环境和休闲娱乐提供了更多的好处，对现代服务业、旅游业、农村经济的快速发展，都将带来更多的"利好"。

资料来源：陈全苗：《嵊州：重建"山水生态"再现"诗画剡溪"》，《浙江日报》2017 年 6 月 19 日，第 00018 版。

 经验借鉴

嵊州通过重点治理剡溪生态，再现"诗画剡溪"和"浙东唐诗之路"山水人文美景。其治水经验如下：①三级联动，万人参加。政府动员各级党员干部、民众参与治水工程，社会各界人士都参与其中，将群众的力量凝聚起来，开展轰轰烈烈的剿劣行动。嵊州具有"全民治水，全力治水，全域治水"的全民基础，如著名的"嵊州村嫂"，是一支不容小觑的民间力量。全民参与，共同打造美丽嵊州。②确定重点攻坚水体，实施"精准治理"。陈塘渠、黄塘渠、爱湖渠、工农排涝渠、城北排涝渠、城西湿地公园这"五渠一园"作为重点攻坚对象，政府对其采取"一点一策""一渠一组一策"高标准治理，并成立"技术专家服务团"，确保重点攻坚对象的水体得到全面提升；整治环境治理设施不达标的企业，对此立案调查，起到震慑作用；实施截污纳管工程建设。③实行最严执法，促使产业转型升级。嵊州市再次启动对印染、化工、造纸三大污染行业的集中整治，设立严格的标准，做到"零容忍"。同时，开展工业园区治理，淘汰落后产能企业，从各个方面整治规模以上畜禽养殖场，实施线上全面监管。④建设"民生工程"，打造魅力水城。"诗画剡溪"工程不仅提升水利功能，还成为嵊州治水的标志性景观；享有"美妙三公里"的滨江公园，展现了与生态共生、与活力共享、与文化共融的曼妙姿态，给予市民全新的体验和享受。

六、越城：从古城内河治理突破　当好水城绍兴守护者

 案例梗概

1. 越城"剿劣"旨在守护绍兴水城、守护古城风貌，要坚持典型突破、重点攻坚。
2. 越城全区上下全员出动、"摸清家底"，充分发挥"挂联"作用，调动全部党员力量，形成一套完善的"剿劣"体系。
3. 全面推进"拆、清、截、治、修"工作，重点改造"城中村"，持续保持执法高压态度。
4. 绍兴古城重点整治内河，动用各种力量建设古城。
5. 平原治水，将陶堰镇打造成"东鉴湖风情小镇"。

关键词： 精准剿劣，古城治水，督察机制，平原治水

 案例全文

　　古城绍兴，被称为"东方威尼斯"。守护绍兴水城，守护水乡风貌，越城区的"剿劣"，从一开始就被赋予了重任。越城区，是绍兴古城的核心。越城区"剿劣"，其实就是守护绍兴水城，守护古城风貌。

　　根据浙江省、绍兴市关于劣Ⅴ类水体剿灭战动员会和誓师大会的部署要求，越城区委、区政府按照"灭Ⅴ减Ⅳ增Ⅲ"的总体要求，迅速行动，紧盯目标，重点突破，综合施策，勠力同心，强化保障，全面推进劣Ⅴ类和Ⅴ类水剿灭战各项任务，深化和巩固"五水共治"工作。

　　在剿劣中，越城区坚持目标导向、问题导向，在全面排查、综合整治的基础上，坚持典型突破、重点攻坚。

截至 2017 年 5 月底，全区排定的 499 个劣 V 类小微水体的 518 个治理项目已全部开工，已完工 444 个，完工率 85.7%。

治水铁军，共治共战。剿劣，首先要明白"劣"在何处，又如何"剿"。按照越城区委、区政府出台的《2017 年全区劣 V 类和 V 类水剿灭战实施方案》，全区上下迅速行动，由区四套班子成员亲自挂帅，部门与镇、村联手，着手"摸清家底"，摸清问题所在。

摸排的范围全面扩大，从断面向水体、流域延伸，从河流湖泊向小沟、小渠、小溪、小池塘等小微水体延伸，不漏一处，真正做到了全覆盖、无盲区。共排查出劣 V 类、V 类或疑似劣 V 类、V 类水体 499 个，其中各类河道点位 297 个，小微水体点位 202 个，涉及 14 个镇街、190 个村（社区）。

根据摸排结果，分解任务，落实责任，完成区、镇街、村（社区）三级责任书签订，按照"五张清单"（包括成因、措施、责任、销号、长效保洁清单）要求，以镇街为单位汇总制定"一点一策"治理提升方案并挂图作战。

为强化剿劣力量，充分发挥"挂联"作用，越城区组织实施了部门捆绑式挂联镇街机制，同时会同挂联区内 14 个镇街的绍兴市级部门（单位），开展剿灭劣 V 类水"联心、联点、联治、联查、联控"为内容的"五联"活动，全面整合市、区、镇（街道）、村（社区）四级力量，齐抓共管，借势借力，确保完成"剿劣"目标任务。

全区 30000 多名党员站出来了，签订了带头开展"五水共治"承诺书；全区的志愿者队伍、"民间河长"、各界群众也发动起来了，汇成一股巨大的力量，共治共战，再写"绍兴铁军越城军团"新篇章。

督察、考核、曝光机制，也一一建立起来。一方面，坚持明察暗访相结合，采用领导督察、联合督察、专项督察和跟踪督察等方式，开展河道保洁与河道综合管理月度考核，完善通报督办制度；另一方面，借助微信"随手拍"、越城频道曝光等载体，对治水不力、问题突出的单位和个人严肃追责。

2017 年 3 月 13 日，越城区召开了全区各部门、古城内街道机关及社区干部、在职党员和市级机关部门、企事业单位负责人参加的千人动员大会。自此，一场以古城内河治理为重点突破、以 499 个剿灭点为目标的"剿劣歼灭战"全面开打。

重拳出击，多头突破。剿劣，是一个系统工程。为巩固"清三河"成果，实现剿劣战役的年度目标，越城区全面推进"拆、清、截、治、修"工作，展开了以城镇截污纳管、河道清淤、工业污染整治、河道排放口整治为内容的"四大行动"，全面提升农业污染防治、农村污染整治、地下水污染防治、生态配水和修复、生态创建和大气污染治理"五大水平"。

通过近几年治水，绍兴古城区域，像轻纺、酿酒一类高污染、高排放产业已全部退出，就连解放路上的百年小吃店"荣禄村"也因污染问题被责令停业。因此，"城中村"改造，已成了古城剿劣的关键所在。

"城中村"改造，从来都是一个难题。2017年，越城区将城中村改造与"无违建"创建、"剿劣"有机结合，综合施策，强势拆除存量违法建筑，重点拆除市级以上河道以及二环以内河道两侧的涉水违建和沿河违建，从源头上根除污水直排。

2017年上半年，越城区完成"城中村"拆迁签约219.56万平方米、腾空214.94万平方米、拆除202.99万平方米。同时，已拆违111.67万平方米，年度任务完成率为62.04%。

对更广大的城乡，剿劣的重点是污水治理、河道清淤，包括印染、化工企业整治。2017年1~5月，4家印染企业已有2家确定落户袍江，13家化工企业均已关停。同时，完成108家"低小散"问题企业（作坊）整治，对排查出污染问题的1242家"六小行业"，已销号1098家。全区75个区块的截污纳管项目，已启动55个，其中5个区块已基本完工。对全区7400个排污（水）口，均已建档立策，并实施"身份证"式管理。24个村的农村生活污水治理工程已完成或已开工建设。

科学开展河湖清淤（污），优先安排平原河网地区Ⅴ类、劣Ⅴ类水体清淤项目。截至2017年5月底，已完成清淤河道106条（其中Ⅴ类、劣Ⅴ类水体35个），进场施工63个，完成清淤222.53万立方米，占年度目标的85.6%。

与此同时，坚持"全过程、全方位、全天候"最严格执法，通过政府部门联动、行政司法联动、全区上下联动和执法执纪联动，针对阶段性环境问题，设计有针对性的各类环保专项行动，突出重点，重拳执法，确保"五个一律"力度不减，持续保持执法高压态势。

古城治水，重点攻坚。相比其他区、县（市），绍兴古城内河整治，是决定越城区"剿劣"成败的一个关键节点。绍兴古城共有16条明河、1条暗河，最后汇集到迎恩门后流出古城。面对古城内8.3平方公里的面积、20多万居住人口，"一夫当关"的迎恩门断面水质，始终是困扰越城区的一块"心病"。

古城内河治水，首先就要确保迎恩门断面水质。为此，越城区委、区政府专门组建了古城内河治水大会战指挥部，吹响了千年古城治水"新号角"。随之，八个专项行动先后打响，剑指截污纳管、违法建筑、六小行业、专业市场、沿河环境等影响古城水环境的八大方面。由于古城内的工业企业已全部外迁，截污纳管的重点对象，就是"六小行业"和无处不在的商铺、高度密集的居民生活小区，其涉及面之广、工作量之大，可想而知。

2017年3月，越城区组织动员了大批力量，对古城内的截污纳管情况进行了系统性、地毯式排查，共排查小区2045幢43320户、平房区6264户、"六小行业"1242家、商贸单位2459家。在此基础上，共排定75个截污纳管改造项目和5条市政道路污水管网铺设工程。其他的治水治污工程，也陆续开始提档升级。在古城内共设立22个古城内河水质监测点位，并邀请南京水研所专家和省治水办专家提供技术支持；聘请浙大水业有限公司，专门编制下大路河及西小河水质提升工程设计方案，对其进行可持续性生态治理，提升河道水体自净能力。加强引水活水工程能级，加大曹娥江和内河引水流量规模，内河3个泵站实施24小时翻水，进一步提升古城内河的生态配水和修复水平。

与此同时，越城区委、区政府在2017年3月22日发布了"禁洗令"，明确二环线以内河道及梅山江、鉴湖江游线水域禁止洗涤、洗澡，累计发放城市河道禁止洗涤、洗澡通告近14万张，在重点小区及河埠头张贴提示近700张；强化执法监管，已行政处罚75起，处罚金额4000元，开展违法警告6900余人次。这昭示着绍兴古城第一次向"千年陋习"动了真。越城区还与海康威视等公司合作研发沿河洗涤智能宣导取证系统，在古城安装调试成功并投入试用，为综合执法提供技术支撑和事实依据。

古城内河整治，是一件关系到整个绍兴市的一件大事。作为主要的责任方，越城区委、区政府严格落实绍兴市政府发布的《绍兴古城生态环境综合治理大会战行动方案》提出的"源头排查全到位，污水管网全覆盖，沿河直排全取缔，雨污串管全整改，公共设施全提标，违法建筑全拆除，出租房屋全清理，违法排污全查处"等要求，按照"市统筹，区主体，部门协同"的工作格局，以古城（环城河内）生态环境根本性改善为目标，以"整洁、生态、美丽"为导向，坚持标本兼治，精准发力，不断组织实施一个个专项行动，实现"生产生活方式转型升级，管理运作方式转型升级，市民整体素质转型升级"，重现古韵水城新风貌。

典型突破，治水"一盘棋"。平原治水，因为缺少了水的自然流动属性，治水难度相对较大。陶堰镇属于平原乡镇，水域面积 0.9 万亩，占全镇面积的 24%，镇内河网密布，大小河流 86 条，总长度 106.65 公里。

经过深入调研，越城区委、区政府决定将陶堰镇精心打造成"东鉴湖风情小镇"，并以此为契机，精准施策，靶向整治，念好"清、截、拆、建、关、提"六字诀，着力构建治水"一盘棋"，创建成为平原河网剿灭Ⅳ类水乡镇综合整治的一个标杆，并以此为经验，在全区推广。

截至 2017 年 6 月，该镇已完成治理垃圾河、黑臭河 21 条，清淤 38 万立方米，关停 54 家畜禽养殖场，完成 3016 亩河蚌网箱围湖清养；新建 14.9 公里的集镇生活污水管网，实施工业园、集镇及老小区雨污分流管网改造和 11 个行政村农村生活污水治理，基本实现污水纳管全覆盖；以浙东古运河两岸及东鉴湖水乡风貌示范区周边为重点区域，共计拆除沿河违建 6000 多平方米；完成浙东古运河综合整治、贺家池水环境生态修复陶堰段工程，累计河道砌坎护岸 58 公里，基本实现全流域河岸护坡全覆盖；关停砂石厂、轧石厂等低小散企业 23 家，重点涉污企业实施达标纳管排放；开展推广测土配方施肥、病虫害统防统治、秸秆禁烧综合利用等新技术，推广河道生态化养殖。

2017 年 1 月至 5 月监测数据显示，该镇市级考核断面、市级河长断面、镇街及村级断面水质均为Ⅲ类水以上，其中 4 个断面为Ⅱ类水，13 个断面为Ⅲ类水。目前，陶堰镇已成为绍兴市首个申报剿灭Ⅳ类水的平原乡镇。

资料来源：陈全苗、王倩倩：《越城：从古城内河治理突破 当好水城绍兴守护者》，《浙江日报》2017 年 6 月 19 日，第 00014 版。

 经验借鉴

越城区"剿劣"取得了很好的成绩，形成了一套完善的"剿劣"体系。其治水经验如下：①因地制宜，守护绍兴水城。越城政府按照"灭Ⅴ减Ⅳ增Ⅲ"的总体要求，迅速行动，紧盯目标，重点突破，综合施策，勠力同心，强化保障，全面推进劣Ⅴ类和Ⅴ类水剿灭战各项任务，深化和巩固"五水共治"工作。古城内河治水，首先确保迎恩门断面水质，查处污染严重的行业，实现古城区的全面升级。②坚持目标导向、问题导向，在全面排查、综合整治的基础上，坚持典型突破、重点攻坚。全面排查"劣"在何处，切合实际制定如何"剿"。根据摸排结果，分解任务，落实责任，完成区、镇街、村

（社区）三级责任书签订，从而保障剿劣工作严格实行；重点突击古城高污染行业，重拳出击。③"城中村"改造与"无违建"创建、"剿劣"有机结合。综合施策，强势拆除存量违法建筑，重点拆除市级以上河道以及二环以内河道两侧的涉水违建和沿河违建，从源头上根除污水直排。④典型突破，创建"一盘棋"的平原治水模式。平原治水，因为缺少了水的自然流动属性，治水难度相对较大。陶堰镇属于平原乡镇，镇内河网密布，大小河流86条，总长度106.65公里。经过调研，当地政府决定将陶堰镇精心打造成"东鉴湖风情小镇"，并以此为契机，精准施策，靶向整治，念好"清、截、拆、建、关、提"六字诀，着力构建治水"一盘棋"。⑤严格监管，采用督查、考核、曝光机制。一方面，坚持明察暗访相结合，采用领导督察、联合督察、专项督察和跟踪督察等方式，并开展河道保洁与河道综合管理月度考核，完善通报督办制度；另一方面，借助微信"随手拍"、越城频道曝光等载体，对治水不力、问题突出的单位和个人严肃追责。⑥颁布"禁洗令"，全面整治"千年陋习"。明确二环线以内河道及梅山江、鉴湖江游线水域禁止洗涤、洗澡，累计发放城市河道禁止洗涤、洗澡通告近14万张；强化执法监管，高额处罚金严惩违反者。越城区还与海康威视等公司合作研发沿河洗涤智能宣导取证系统，为综合执法提供技术支撑和事实依据。运用该"智慧城管"平台，全面整治沿河陋习，着力营造"岸清水美"的沿河环境。

七、丽水：整治脏乱差　扮靓小城镇

案例梗概

1. 丽水小镇致力于综合整治，全面提高小城镇的环境卫生和秩序，建设长效机制。

2. 丽水各地集思广益整治水环境，庆元县从源头——岸上治理，为剿灭V类水铺路。

3. 庆元县采取企业"认养"的方式有效治水，景宁采取先"蓄"后"净"的方法，打造水生态微系统。

4. 小城镇结合地域特色，打造水文化，发展旅游业。

5. 丽水各地根据治理要求因地制宜，建设特色、文明、先进的小城镇。

关键词：小城镇整治，水文化特色，建设旅游业，长效机制

 案例全文

为全面提高小城镇（街道）环境卫生和城镇秩序的管理能力和整治水平，提升乡容镇貌整体形象，2017年6~8月，丽水在全市158个乡镇范围内开展为期3个月的乡镇（街道）驻地范围环境卫生、城镇秩序整治大会战。重点建立、健全环境卫生保洁和"六乱"整治长效机制，加强对"道乱占""车乱开""摊乱摆""房乱建""线乱拉""低小散"的治理。

小城镇整治，助剿劣Ⅴ类水。丽水是六江之源，因此，丽水人口集中的城市大多依山傍水、与水为邻，小城镇也不例外。在小城镇环境综合整治过程中，治水既是民生工程，也是发展大计。2017年以来，丽水各地围绕剿灭劣Ⅴ类水集思广益，治水有方。

水环境污染，问题在水里，但源头在岸上。"违建破烂一律拆除，污水管网要完善处理好，力争一步到位不走回头路。"围绕这一目标，庆元各乡镇（街道）依托小城镇环境综合整治行动，经过68天奋战在全市率先完成散养生猪污染整治任务，从源头上解决水污染问题，为剿灭劣Ⅴ类水铺平道路。

与此同时，庆元县还充分发动本地企业，按照河道"就近原则"，让企业"认养"一段小微水体，定期组织职工开展巡查、保洁、宣传等工作，并由企业负责人担任"渠长"一职，齐心管护一河清水。经过企业有效的管护，越来越多的小沟渠摆脱以往"黑脏臭"的形象。如今，越来越多的企业家也自发加入整治队伍中来，主动要求认领水体。数据显示，截至2017年6月，庆元县已有42家企业参与"认养"小微水体42处，全长68.9公里。

在畲乡景宁，小水电站众多，致使很多乡镇的溪流都有断流现象，村域内水生态环境亟待恢复。为提升小城镇水生态环境品质，景宁在小城镇整治规划编制和实施过程中，紧抓先"蓄"后"净"。"蓄"主要是通过合理布设拦水坝、汀步等措施，人工构建适合存蓄的地形地貌。雨量小时可作为池塘水景，雨量大时则可呈现出叠溪小瀑的效果，也可实现溪水下渗回补。目前，该县沿溪而建的15个乡镇中已有拦水坝40余座，规划新建10余座。"净"则是在拦水坝构建的人工蓄水区域，通过养殖鱼类、种植水生植物等措施。既形成景观节点，也可以有效净化水质，保持良好的溪流水环境。最后，以穿乡（镇）溪流为主轴，串联流域范围内现存的低洼地、坑塘，提高水系网

格的连通和整合，形成一系列具有蓄、净水功能的水生态微系统。

小城镇打造，凸显水文化特色。丽水之名，因水而美。各地在小城镇环境综合整治中，结合地域风情元素，做足了各具特色的水文化文章。

景宁的毛垟乡围绕"红色毛垟·水韵带溪"主题，计划建设沙垟大桥、毛垟廊桥、廊桥广场公园，推进环"三垟一体"防洪堤提升工程建设，每年还定期举办毛垟带溪红色文化节，做好做活带溪"水"文章，打造水边生态花园。而该县"以水为媒"的渤海镇则借势打造"畲乡第一渔村""千峡垂钓中心""水上观光运动基地"，通过修建滨湖栈道，发展渔村农家乐、渔村民宿等，做活垂钓经济。据统计，2017 年上半年，前来渤海镇旅游的游客已逾万人，农家乐创收 60 多万元，"渔"文化打造成效已初步显现。

遂昌的龙洋乡是乌溪江源头。当地以绿色高山、蓝色溪流生态环境为基底，在全力推进剿灭劣 V 类水行动的同时，对乱堆乱放、外立面破损、违法建筑等与周边绿水青山不协调的点位进行整治或拆除，以建设环库休闲景观核心区、打造两条滨水景观带等项目建设为重要抓手，将"山水"文章贯穿于小城镇环境综合整治始终，全力建设一个集休闲景观、林相丰富、生态自然于一体的山林水乡。

借着治水的东风，缙云一些乡镇也在大力发展休闲观光旅游业。夏日里，来到缙云县三溪乡，龙溪碧波荡漾，村内小微水系清澈。登山享漂流刺激，沿溪赏山水风光，入村闻潺潺溪流正在成为一种生活新常态。这得益于三溪乡将小城镇环境综合整治与剿灭劣 V 类水进行有机结合，依托龙溪景观带工程建设与乡村整治规划，凝聚乡贤力量推进小城镇综合整治。

从三溪乡"走出去"的企业家应伟宏是受聘于该乡的 6 名治水监督员和调解员之一。2016 年，他返乡投资 400 多万元，利用三溪乡的山形水势开发天门坪漂流项目。"三溪乡总人口 8080 人，外出人口近一半。现在，他们离家不离心，成为家乡建设的资源富矿、智囊团和生力军。"三溪乡党委书记傅雅涛介绍，利用小城镇环境综合整治为平台，乡贤众筹治水剿劣资金 10 万元。一个个农旅融合和旅游项目建设，让小城镇的转型升级迸发活力，也让当地的老百姓共享治水红利。

小城镇建设，聚焦长效机制。2017 年 6 月起，丽水全市 158 个乡镇掀起了乡镇（街道）驻地范围环境卫生、城镇秩序整治百日大会战，聚焦长效治理机制。目前，大会战已启动近半个月，各地纷纷打出切合本地实际的口号，并实施了一系列长效机制和举措。

龙泉创新机制，以全市新一届村"两委"班子"履承诺·比业绩"活动为平台，整合基层干群的主力军作用，在19个整治村形成"自纠自查—拍照编号—网格交办—小组销号"的村级"一条龙"式整治流水线，建立起集卫生督察、宣传动员、整治"金点子"、众筹众议于一体的"新任干部先锋队"，进一步划清、划好基层党员干部的"责任田"和"服务岗"，构建形成村级立体式、全覆盖的整治工作"长效网"，让"大会战"真正扎根基层。

庆元力推街（路）长、弄长、片长"三长"制度。明确所有副县以上领导和单位一把手担任"三长"，并带领本单位干部职工佩戴红袖套到网格中的责任区域进行巡查督察环境整治工作，对发现的问题进行及时整改。连点成线、串线成网，实现了县、乡、村三级联动管理网络全覆盖。

云和在全市率先建立运营"垃圾兑换超市"，并在各乡镇政府所在村实现全覆盖，力破环境整治难题。并创新机制成立"8+X"项目协调推进小组，组建专家服务小分队，切实加快项目建设进度。

莲都区通过开展"主题月"活动和"回头看"复查评价，双管齐下，营造浓厚的整治氛围的同时，抓整治实效。

遂昌则以部门集中整治、沿线景观环境提升、洁净村居大比拼活动、建立长效管控机制四个方面为主要内容，通过整治"下猛药，治沉疴"，全面提升遂昌县小城镇整体环境风貌，打造江南山地精美小城镇。

资料来源：关耳、金叶剑：《整治脏乱差　扮靓小城镇》，《浙江日报》2017年6月21日，第00024版。

 经验借鉴

①从源头上整治水环境，协助剿灭劣 V 类水。丽水的大多数城镇都依山傍水，以水为邻，要建设特色和美小镇，必须整治好水环境。水环境污染的源头在岸上，庆元各乡镇采取小城镇环境综合整治行动，68天率先完成散养生猪污染的整治，从源头上解决了当地水污染问题；该县还采取企业"认养""就近"原则，让企业去管理整治小微水体，定期开展巡查、保洁、宣传等工作，有效整治了小沟渠；畲乡景宁根据自身小水电站多的特点，采取先"蓄"后"净"的方法，打造具有蓄水、净水功能的水生态微系统，并具有观光意义。②打造特色水文化，发展旅游业。丽江小城镇在治水过程中，结合自身

不同的地域风情，形成别具一格的水文化。如景宁县着重打造水边生态公园，发展渔村农家乐；遂昌龙阳乡则借助地区的青山绿水，打造一个集休闲景观、林相丰富、生态化于一体的山林水乡；缙云也打造休闲观光旅游业，农旅融合和旅游项目的开展促进城镇的转型升级，也能改善当地人民生活。③因地制宜，构建长效治理机制。丽水全市158个乡镇发起环境卫生、城镇秩序整治百日大会战，致力于长效机制。各个乡镇均采取切合当地实际的差异化方案和措施。例如，龙泉创新机制，结合基层干群，使基层干部充分发光发热，构建村级立体式、全覆盖的整治工作"长效网"；庆元则推出"街（路）长、弄长、片长"三长制度，实现县、乡、村三级联动管理网络全覆盖；云和率先实行"垃圾兑换超市"；莲都开展"主题月""回头看"等活动；遂昌采取"下猛药、治沉疴"的方法，全面提升小城镇的环境风貌，打造特色小城镇。

本篇启发思考题

1. 衢州的"五水共治"经验有哪些特色？

2. "金华标准"有哪些特点？

3. 湖州是如何治理蓝藻问题的？

4. 浦江水污染治理的重点是什么？如何实现的？

5. 富阳治水的重点是哪个产业？如何实现转型升级的？

6. 嵊州治水的"万人参与"具有哪些群众基础？

7. 绍兴越城区的部门捆绑式挂联镇街机制是如何实现的？

8. 丽水的158个乡镇采取了哪些措施践行长效治理机制？

结论篇

浙江水资源绿色管理的经验和启示

一、浙江水资源绿色管理的重要阶段与举措

随着改革开放和经济发展的进一步深化，浙江省开始遭遇发展"瓶颈"，以水污染为特征的水资源和其他资源短缺、要素配置不合理、生态环境恶化成为亟待解决的重要议题，2013年12月26日，浙江省委省政府在全省经济工作会议上正式启动了"五水共治"工程，以水污染防治和水资源绿色管理为抓手，突破生态和资源"瓶颈"，秉持"绿水青山就是金山银山"重要思想和发展理念，探索全省生态、经济、社会可持续发展的道路。

根据省委省政府的工作规划，浙江省"五水共治"将按照"三五七"时间表要求和"五水共治、治污先行"路线图，稳步推进。按照工作规划，浙江省水资源绿色管理和污水防治的过程分为以下三个阶段（见图1）：

图1 浙江省水资源绿色管理重要阶段与举措

第一阶段（2014~2016年）："清三河"。从解决感官上的突出问题入手，全力清理垃圾河、黑河、臭河，实现由"脏"到"净"的转变。到2015年，完成11000公里"三河"清理，2016年继续巩固提升，强力推进河道清淤疏浚和截污纳管工程，进一步深化沿河100米水污染治理，基本消除"黑、臭、脏"的感官污染，三年内实现"解决突出问题，明显见效"的既定目标。

主要措施是：启动"两覆盖""两转型"。所谓"两覆盖"，即实现城镇截污纳管基本覆盖，农村污水处理、生活垃圾集中处理基本覆盖。所谓"两转型"，即抓工业转型，加快铅蓄电池、电镀、制革、造纸、印染、化工6大重污染高耗能行业的淘汰落后和整治提升；抓农业转型，坚持生态化、集约化方向，推进种植养殖业的集聚化、规模化经营和污物排放的集中化、无害化处理，控制农业面源污染。

第二阶段（2016~2018年）："剿灭劣V类水"。在"清三河"成果的基础上，全力打好剿灭劣V类水攻坚战，实现由"净"到"清"的转变，着力提升群众的治水获得感。经过一年（2017）的攻坚，劣V类水质断面全部完成销号，提前三年完成国家"水十条"下达的消劣任务，也提前实现了"三五七"时间表中第二阶段五年内（从2014年开始计算）"基本解决问题，全面改观"的目标。

主要措施是：对全省共58个县控以上劣V类水质断面排查出的16000个劣V类小微水体，实行挂图作战和销号管理。明确各级河长作为剿劣工作的第一责任人，特别是对存在劣V类水质断面的河道，要求所在地的市县党政主要负责同志亲自担任河长，逐一制订五张清单：劣V类水体、主要成因、治理项目、销号报结和提标深化等，并制订"一河一策"工作方案，明确时间表、责任书、项目库，并向社会公示。继续深化"两覆盖""两转型"，实施六大工程：截污纳管、河道清淤、工业整治、农业农村面源治理、排污口整治、生态配水与修复等。

第三阶段（2018~2020年）：建设"美丽河湖"。在全面剿劣的基础上，立足从"清"到"美"的提升，2018年启动"美丽河湖"建设行动，并将其作为今后一个时期治水工作的纲领。目的是贯彻中央打好污染防治攻坚战以及碧水保卫战的部署，结合聚焦高质量建设美丽浙江、高标准打好污染防治攻坚战的要求，在不折不扣完成中央标志性战役基础上，做好浙江的自选动作，打出浙江的特色，进一步巩固提升治水成果。2018年已启动建设工业园区"污水零直排区"30个、生活小区"污水零直排区"200个。按照"三五七"时间表的七年内（从 2014 年开始计算）"基本不出问题，实现质变，决不把污泥浊水带入全面小康"，这个目标早已实现。新的目标是，力争到 2020 年，30%以上的县（市、区）达到"污水零直排区"建设标准；到 2022 年，80%以上的县（市、区）成为"污水零直排区"。

主要措施是：实施"两建设"，即"美丽河湖"和"污水零直排区"建设。实现"两提升"，即水环境质量巩固再提升、污水处理标准再提升。坚持"两发力"，一手抓污染减排，就是要把污染物的排放总量减下来；一手抓扩容，就是抓生态系统的保护和修复，增强生态系统自净能力。加快"四整治"，即工业园区、生活污染源、农村面源整治以及水生态系统的保护和修复等。开展"五攻坚"，即中央 17 号文件部署的城市黑臭水体治理、长江经济带保护修复、水源地保护、农业农村污染治理、近岸海域污染防治等。全面实施"十大专项行动"，污水处理厂清洁排放、"污水零直排区"建设、农业农村环境治理提升、水环境质量提升、饮用水水源达标、近岸海域污染防治、防洪排涝、河湖生态修复、河长制标准化、全民节水护水行动。

污水处理厂清洁排放行动，是引领性的。主要是在一级 A 标准的基础上继续提标，发布实施更严格的治水"浙江标准"，2018 年已经启动 100 座城镇污水处理厂清洁排放改造，进一步发挥环境标准的引领和倒逼作用，以此来高标准推动治水、打好污染防治攻坚战。同时，持续加大配套管网建设力度，加快推进污水再生利用。"污水零直排区"建设，抓截污治本。就是生产生活污水实行截污纳管、统一收集、达标排放，形象地讲就是"晴天不排水，雨天无污水"。开展以工业园区和生活小区为主的"污水零直排区"建设，并建设小餐饮、洗浴、洗车、洗衣、农贸市场等其他可能产生污水的行业"污水零直排区"，推进污水处理厂尾水再生利用和水产养殖尾水生态化治理试点，从而确保污水"应截尽截、应处尽处"。以此加快推动治水从治标向治本、从末端治理向源头治理转变。这是浙江省适应治水新阶段、体现治水新要求的重要探索创新。

总体而言，回顾七年前，浙江省从水质最差河流入手，率先在浦阳江打响水环境综合整治攻坚战，并迅速向全省铺开，有序推进，一个重点接着一个重点地突破，一个阶段接着一个阶段地深化。对应"三五七"的时间表，持续发力、梯次推进，实施了"清三河"、剿灭劣Ⅴ类水、建设美丽河湖三个阶段的治水举措。

二、浙江水资源绿色管理的八大经验

通过对浙江省全域治水十多年，特别是"五水共治"提出以来，各个城市、区县、河湖案例和经验的总结和分析，本书归纳出以下八大经验（见图2）：

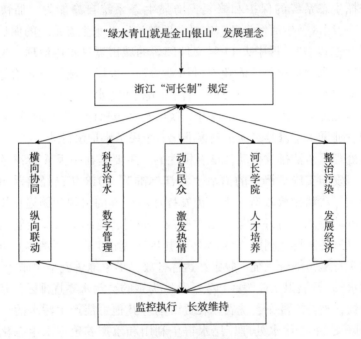

图2 浙江省水资源绿色管理八大经验

经验一，贯彻新兴理念，绿色发展引领。

举措一，理念上以辩证思维处理与水有关的各种关系。第一，正确处理好用水与节水的辩证统一关系，加快发展循环经济，大力促进和推广水的循环利用；第二，缺水地区要正确处理好调水和节水的关系；第三，治水优先，正确处理治理与开发的关系。治理优先要事先做好规划。要实现"双赢"，既要保护生态，也要发展经济，经济发展不能以牺牲生态为代价，生态很好反过来可为经济发展提供一些增长点。治水的出发点和落脚点是造就美丽环境，积蓄永续发展的动能，满足人民群众对美好生活的需要。"五水共治"是对中国全面建成小康社会决胜时期贯彻新发展理念和"绿水青山就是金山银山"重要思想的忠实践行，是对在经济社会快速发展中水资源短缺与污染这一世界性难题的破解。

举措二，坚持标本兼治，以治本为导向，实施从末端治理向源头治理转变的总体战略。浙江全省统一思想、稳步推进，逐步实现从治污向防污转变、从剿灭治理劣Ⅴ类水向24小时实时监控转变，最终全面建设美丽环境、发展美丽经济。如丽水市在全省率先全境剿灭劣Ⅴ类水，不仅改变了环境，还改变了老百姓的生活。为了建设美丽环境，丽水构建了几十条美丽乡村风景线，还推出了厕所改革等，从而为乡村的振兴奠定了坚实的基础。丽水市的美丽环境成为农民增收致富的活水源头，特别是生态旅游业发展迅速，崛起了生态农业、养生养老、电子商务、特色小镇等美丽经济。又如杭州主城区堤防基本达到"百年一遇"的防洪标准，城区供水能力从1.5天提高到8天。这个决策成功地倒逼经济发展方式转型，着力推进绿色发展、循环发展，在低碳发展道路上占领先机。杭州是中国唯一一个被BBC评为"全球公共自行车服务最棒的城市"，大批新能源公交车奔跑在杭州街头，"零排放零污染"。经过十多年的环境改善，杭州的旅游收入明显增长，桐庐、建德、淳安等县市也因为生态环境的改善，吸引大量游客的到来，让当地农民大获丰收。杭州每年还将新增美丽乡村精品示范线10条，将"青山绿水就是金山银山"的发展理念落实到底。

经验二，创新法规制度，落实河长责任。

举措一，推出《浙江省河长制规定》，以立法的形式，明确了河长担当，并为各级河长履职提供了法制保障。"河长制"是治水非常值得借鉴的经验模式。中华人民共和国成立以来，我国一直采用"多龙治水"模式治理河流，"多龙治水"使各部门各自为政，互不干涉，逐渐有了利益之争，于己有利就多做、于己无利就不管。为了解决"多龙治水"的难题，浙江开始在全省推行"河长制"治理，由地方政府的行政首长来综合协调治水，将"多极治理"变为"共同治理"。这种网格化管理、联动治水的试点模式，得到了浙江省领导的高度赞赏，并很快推广到了全省。浙江省不断建立健全相关政策法规，推动河长制向纵深发展，为规范河长行为和职责提供了重要依据。全国首部河长制专项立法《浙江省河长制规定》的实施，对河长制体制机制予以明确，保障河长履职有章可循、有法可依，使浙江治水走上了法治化、常态化轨道。浙江省各地逐步将河长治理模式以法律形式固定下来，完善河长制考核制度，制定严格的考核标准，采用科学的考核办法，加快河长制管理信息系统建设，建立河道信息档案，实时对河道治理管护进行监测、追踪。同时，加大信息公开力度，包括河长信息和河道整治信息，接受社会公众的监督。

举措二，防治责任细化落实，制定严格考核的标准与制度。推行河长制关键在于责任落实，解决河湖治理管护这个难题，必须实行"一把手"工程，河长制能否发挥实效，关键在于防治责任的真正细化，以及责任主体的精确锁定。在省委、省政府主要领导任组长的"五水共治"领导小组架构下，河长制办公室由17个部门参与，抽调人员，集中办公、实体化运作。各级河长肩负指导、协调、督察、考核四大职责。在总河长的牵头下，相关工作计划纷纷出台，开展了一系列行动。并且经常性地开展河长述职情况汇报会。全省每条河道都在醒目位置设立河长公示牌，明确各级河长巡河频次，全省所有河道每天有人巡有人管，巡后有记录。并创新了日常工作制度，治水时发现问题及时处置。在浙江，各地都把河长制落实情况纳入"五水共治"工作考核的重要内容，并逐级对每位河长履职情况进行严格考核问责，作为党政领导干部考核评价的重要依据。浙江省把河长制落实情况作为督察的重要内容，如兰溪建立水质考核奖惩制，依托水质检测结果来对村级进行考核。根据考核排名情况落实通报、预警等举措，并由市领导对落后乡镇的负责人进行约谈，奖优惩劣，压实治水主体责任。

经验三，横向部门协同，纵向五级联动。

举措一，各部门协同配合、联合出击，打出治水"组合拳"。例如，浙江省正式启动环境执法与司法联动机制，临安区设立"公安驻环保警务室"，面对部分涉刑的环境违法案件，及时介入并全程协助查处锁定证据和抓捕相关责任人，快、严、准地查处环境违法涉刑案件；嘉兴市环境监察支队、市食品药品环境犯罪侦查支队、市环境监测站的执法人员联合排查，全力击破海宁市德尔化工有限公司污水偷排案；浙江省高度重视城市污水处理厂建设工作，通过与各设区市签订目标任务责任书，一级抓一级，层层抓落实，全面推进污水处理厂建设；拱墅区针对沿街的小餐饮店等"八小行业"，截污办设立公建科，专门牵头有关部门，进行常态化巡查；镇海区建立"线上+线下"智能监管执法体系，完善环境行政执法与司法联动机制。

举措二，明确责任，层层分解，实现"五级联动"。全省共设立省级总河长2名、省级河长6名、市级河长272名、县级河长2786名、乡级河长

19320 名、村级河长 35091 名，配备各级河长 57000 余名，形成了省、市、县、乡、村"五级联动"的河长制体系，并将河长制延伸到小微水体，实现水体全覆盖。在"五级联动"河长制体系中，省级河长主要管流域，负责协调和督促解决责任水域治理和保护的重大问题；市、县级河长主要负责协调和督促相关主管部门制定和实施责任水域治理和保护方案；乡、村两级河长协调和督促水域治理和保护具体任务的落实，做好日常巡河工作。例如，金华市以巩固提升水环境治理成果为目的，用"试点先行，层层联动推广"的方式优先选点布局试点，以此辐射全域，再通过市、县、乡三级层层发动，积极推广基层治水实践创新成果；浙江省为实现污水集中处理全覆盖，高度重视城市污水处理厂建设工作。通过与各设区市签订目标任务责任书，一级抓一级，层层抓落实，全面推进污水处理厂建设；为了深化改革环境执法监管机制，台州市在省内率先启动环境保护网格化监管改革试点，全力打造"属地管理、分级负责、全面覆盖、责任到人"这一分级明确的网格化环保监管体系。

经验四，政企民众合力，激发治水热情。

举措一，动员民众、企业共襄治水，以主人翁姿态积极投身治水实践。例如，杭州下城区推行"井长制"，变"制污者"为"治污者"，让个体经营户做好治水表率；柯桥水务集团全面接管城乡生活污水治理和运维工作，开创省内首家由国有公司专业团队进行运维的"柯桥模式"，实行"四全管理"，将高科技的设施、设备落实到"人"；杭州探索智慧的雨污分流办法，在老城区试点推行截污到户；镇海地区积极开展雨污水管网建设、企业内部雨污分流改造与工业废水治理，政企共建"污水零直排区"；临安政府充分发挥职能部门的主体作用和工青妇等群众团体的生力军作用，深入开展文艺表演、书画展览、演讲比赛等各种群众喜闻乐见的活动，使广大群众提升对"五水共治"工作的思想认识。

举措二，设立全民参与机制，通过参与感、获得感的提升激发全民治水热情。剿劣工作的推进充分融合群众力量，鼓励全民参与、全民治水。萧山区水污染问题收到不少民众的投诉，群众对环境公平获得感的需求日益强烈，由此细致入微的群众工作显得尤为重要。萧山区基层干部一家一户上门做工作，争取一户一方案、一企一小组，赢得沿河企业、村民的充分理解和主动配合，由此群众的获得感反过来成为维护河道长效清洁的力量。同样地，衢州致力于强化整合群众力量，坚持全民治水，并且严督察、高覆盖，促使全民参与治水工作，实现市、县、乡、村四级河长全覆盖，并健全基层治水组织责任体系。水环境的改善迎来区域经济转型升级的重要节点，正如案例所述"商客也要挑好环境"，萧山区生态环境脱胎换骨的变化增强了其区域综合竞争力，从而引得阿里巴巴、网易、商汤科技等名企争相布局，文旅小镇、电影产业小镇、未来智造小镇等一批重点项目也提前在萧山占位。对于衢州而言，以水引商，推动绿色转型，吸引了旺旺、伊利、娃哈哈等一批大企业，以及以开化清水鱼为代表的水产养殖业得到迅速发展。由此可见，杭州、绍兴、萧山、临安、衢州各地依托全民覆盖、全民治水、促进经济转型得以推进治污任务，"五水共治"的前进道路需得汲取经验，将治水工作落实到基层，结合广大群众力量，在改善水环境的同时改善民生，促进经济转型升级。

经验五，依靠科技治水，依托数字管理。

举措一，创新"互联网+"监督模式，建立 APP 系统、搭建智慧平台，实现动态化管理。例如，杭州市人大代表借助智慧化监督治水 APP 平台监督治污剿劣，成效更为明显，切实形成人大监督与政府工作的强劲合力，推动了水岸同治、提质剿劣工作；萧山运用智慧云平台标识污染源，以便第一时间发现河道相关问题并处理；衢州市运用智慧平台"千里眼"实时监控河道、重要路段和地质灾害点，将大数据汇总到信息指挥中心，同时利用手机 APP 系统实现动态化管理，水质达标率全保持在 100%；椒江区同借助"天眼平台"让污染源看得见、依托"绿网工程"让信息公开更透明，再用"智慧环保"以事件驱动管理、数据辅助决策，全面剿劣；大溪镇以平安建设为主线，社会风险多元防范化解为基本点，运用全科网格，依托"四平台"信息快速流转，借助 APP 采集系统共享数据信息，全面提升了网格员处理事件效率。

举措二，安装智能设备实时监控、过滤污水。例如，萧山配备 CCTV 管道检测机器人进行全方位拍摄、收集数据，开发区还引入水质实时监测器，通过互联网技术传输信息，真正实现 24 小时动态管理；西湖区安装了多相微滤设备，将过滤后的杂质经过处理制成绿化肥料，日均处理量多达 16000 吨；淳安县实现生活污水刷卡"上岸"，搭建智慧液肥配送网络，建成千岛湖水质水华预警警报系统、通过生态系统观测站实验室全范围监测水质情况，大大提高千岛湖藻类的预测预警能力；台州市黄岩区建设在线恶臭监测系统，安装多台智能恶臭监控设备，为治污提供科学依据。综上，浙江省多个城市运用科技创新、智慧治水，自实施以来，水质改善幅度大，科技治水取得了卓越的成绩。

经验六，一手整治污染，一手发展经济。

举措一，抓整治手段强硬，说到做到。杭州在保护环境的过程中面对那些老企业同样采取强硬手段，关停工作了半个多世纪、曾让杭州人无比自豪的杭钢，并加速淘汰治理大中小燃煤锅炉，关停转迁高能耗、高污染、高排放的企业。浦江县为了整治全县85%的溪流被严重污染、90%以上都是"牛奶河"的"臭名昭著"的浦阳江，果断关闭污染企业、扫除恶霸贪官，水晶企业从22000家锐减到1243家，拆除淘汰95000万台加工设备。通过严格执法，开展"清水零点行动"，打击偷排直排。运用工商法规，开展"金色阳光行动"，取缔无证无照；依据国土资源规划部门法规，开展"拆违治污行动"，拆除污染违建。借助县环保、公安、市场监管、城管执法等各部门联合执法，两年累计拆除水晶污染违建加工场所105多万平方米，关停水晶加工户19547家。丽水市以剿灭劣V类水为目标开展"铁拳1号"剿劣护水专项执法行动，实行"五个一批"分类处置，检查重点区域污染物防治设施运行、达标排放情况，对违法企业实施行政处罚，并通过环保部门和公安、检察机关三方协作，统一执法尺度，探索建立快处重罚、全程监督和定期会商的案件查办模式，联合严惩破坏水环境的违法犯罪行为。这些坚定而强硬的举措为进一步改善当地环境奠定了坚实的基础。

举措二，抓发展因地制宜，以治水为抓手，建立转型升级倒逼机制。各城市、各地区结合当地实际，发展特色循环经济。例如，衢州市衢江区打造自有品牌，做出"四个一"建设决策，发展循环经济，将生猪养殖产业化、清洁化，水质提升效果显著；在打造生态优势、产业优势的基础上，衢江区深挖区域文化资源，发展文化战略，初步形成针灸康养、田园康养、运动康养和森林康养四大板块，成功进行转型升级；绍兴市启动化工、印染行业整治提升行动，有效控制污染源头，改善流域水环境，推动产业转型升级；水晶行业是浦江的特产，浦江配套"三改一拆""四边三化"的"组合拳"，关停取缔多家水晶加工户，公开募集资金为水晶产业转型注入强大动力，将污水地金狮湖治理转变为旅游胜地，促进浦江经济发展；建德市投入大量资金进行水岸同治，加快"三拆一改"进展，把养殖业作为治水违建的重点，对传统企业建立以资源要素亩产绩效倒逼机制，引导其进行生态化改造、进行战略重组，现建德市已形成集农产品生产加工、乡村旅游、产品销售于一体，第一、二、三产业融合发展的"第六产业"集群发展模式。湖州市对沿线全部进行截污，将旧址循环利用，积极推动企业转产；把"低小散"企业引进工业园区，建设综合整治配套园，对污水进行集中处理，倒逼企业转型升级，大大改善了水环境质量和太湖的生态环境，提升人民幸福指数。

经验七，加强监控执行，建立长效机制。

举措一，严抓严控、全面监督，强化治水执行力。严格的管理才能使工作人员有一个严谨的工作态度，监督到位才能使违章行为无处可遁，惩罚落实使那些知法犯法的人心生怯意。如安吉县水利局通过安装监控探头实时监测河道情况，处置那些超标排放的企业。剿劣治污任重道远，从各地成功案例来看，严格监督治污工作首当其冲，例如，衢州市政府通过严格监督、夯实责任，铁腕治水，召开"五水共治"万人推进会，将治水工作列入市对县综合考核、市级机关部门综合考核和百个乡镇分类争先考核，全面落实各项治水任务，由此激发各级党员干部剿劣动力。海宁的民警和镇、村干部定期对木长桥港河道两侧200米的污染源进行全面排查，以便掌握影响水质的原因、找准采取措施的切入点，通过巡逻来加强对治水的监督。木长桥港水域的巡逻，是他们的重点工作之一。每周，民警都会采用船巡、车巡两三次，对重点段更是加大巡逻检查密度，达到每周4次。此外，为护住钱塘江一江清水，衢州检察机关借助公益诉讼新职能，开启了对钱江源生态环境的全方位司法保护，助力浙江绿色发展。例如，开化县衢州瑞力杰化工公司违法深埋工业固废，严重损害山坞生态环境，后经检察院提起民事公益诉讼，该化工公司须赔偿所有相关费用，该案例成为全省首例民事公益诉讼案；常山某林业公司未经许可违规开采造成生态破坏，检察院启动民事公益诉讼诉前程序，林业公司需缴纳林地恢复保证金。通过展开生态环境和资源保护公益诉讼专项行动，衢州实现监督全覆盖，全力保护钱江源。

举措二，严格奖励与惩罚、建立全民监督的长效机制。例如，嘉兴市环保局官方微信公众号"嘉兴环保"第一时间将企业偷排污水的案情公布，通过微信平台，网民实时了解治水进程，也为环保卫士纷纷点赞叫好；湖州街内，拒不办理《污水排放许可证》或私自搭建污水管道的企业，被处以2000元以上、20000元以下的罚款；宁波政协曹建波委员建议设立"海绵城市"建设奖励及惩罚机制，对建设项目配套建设雨水利用设施的，给予各种奖励措施，桐庐县推广使用"智能终端云平台"，实现数字城管网络单位用户智能回复；临海市人民政府办公室下发了《关于开展浙江省化学原料药基地临海园区废气治理年活动的通知》，鼓励公众开展有奖举报，深入推进环境综合整治。在海宁，民警和木场桥港附近的村民通过频繁的巡逻过程，培养出了一种默契：村民发现河道有问题时，会主动告诉民警，并帮忙一起解决。经过一段时间的治水，村民们意识到，治水需要靠大家一起努力。为此，村民们建立了微信群，群里不仅有民警、街道干部，还有 23 名信息员。这些信息员的任务，就是发现河道保洁、排污等各类状况，并通过微信群实时发送，发挥监督作用。大家的共识是，治水不只是政府的事，集腋成裘，众志成城，事半功倍，更显城市温度。

经验八，注重人才培养，创建河长学院。

举措一，抓教育，抓人才，从孩子抓起。如兰溪将治水的重点放在人才上，破解基层专业人才普遍缺乏的难题，主要从三方面发力：选聘生态环保员，选派河长助理，强化技能培训。这些人才为治水取得巨大成果打下人员基础。安吉则考虑到未来人才的培养，从小学就开始教授孩子水土保持知识，并建有一个占地占地面积 57.88 公顷的国家水土保持科技示范园让孩子们有一个亲身感受。在安吉，这样的水生态文明活教材，还有遍布城乡的 26 个展示馆。

举措二，在全国各地推广创建河长学院。第一，在河长学院，将关于河长制的新的政策方针、法律法规进行及时传达和学习，缓解随着法律法规和政策的不断完善，河长的非专业背景与水环境保护治理之间的矛盾不断加深的局面，提升河长制建设的水平。第二，立足当下，着眼长远，找寻河长制教育培训新方式以及途径，将河长制的成功经验与现代化治水的实践相结合。第三，河长学院办学特色力求鲜明。浙江河长学院以立足绿色发展、浙江治水、教育服务为三大功能定位。第四，立足实际，前往各地调研，将基层河长和河长制机构的意见建议和专业的思路、想法相结合，优化和创新课程的形式和内容，全力打造河长学院。第五，河长学院结合国家全面推进河长制的相关制度文件，做好政策解读，结合治水的常用的技术特点，做好知识普及；还结合各地推行河长制的典型做法，做好培训指导，此外，总结各自地方河长制的模式以及经验，服务于全国的河长制建设。第六，河长学院收集和整理各地的情况以及各地河长的相关需求，为治水过程中出现的难题提供技术性的指导，并一一对应提出可靠的对策建议。第七，河长学院不定期举办研讨会，凝结治水一线人员和专家的集体智慧，加深合作，为河长制建设以及水环境改善出一份力。

综上所述，浙江省坚持生态循环理念，遵循治水转型促发展的道理，取得了巨大实效，以产业集聚、企业集中、资源集约和低耗、减排、高效为特征的绿色生产方式正在浙江逐步形成。

三、浙江水资源绿色管理的八大启示

除了浙江全域治水的八大经验外，本书还总结出浙江"五水共治"和水污染治理的八大启示如下（见图3）：

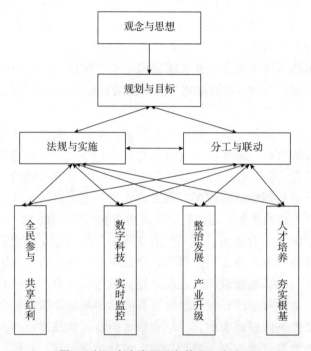

图3 浙江省水资源绿色管理八大启示

启示一，观念思想引领，提高发展站位。在习近平总书记"绿水青山就是金山银山"重要发展理念的引领下，浙江省将治水与经济社会可持续发展的总目标相结合，治水的目的就是保持水资源的可持续利用，为经济社会全面发展提供生态保障。全省上下，将水资源保障看作建设环境友好型社会、资源节约型社会，加强科学发展的重要任务；将治水工作看作区域生态治理关键和地区可持续发展必经之路。具体来看，树立以下意识：①全域意识。全省范围内进行全面摸底调查和全流域覆盖，既以大江大河的水质改善为主，又密切关注小微水体的水质状况。②标本意识。无论是剿劣攻坚战，还是美丽环境建设，着手于水岸同治，坚持标本兼治，以治本为导向，从末端治理向源头治理转变。③表里意识。须表里兼顾，表里如一，第一要岸上岸下齐抓共管，第二要严格标准、注重实效，第三需既看指标又看效果。④制度意识。制度和约束机制的建立，目的在于让制度能够落地，让剿灭攻坚战行动更好地落实。⑤效率和合作意识。守住时间节点，健全长效机制，将近期达标与长期治理相结合。并通过加大宣传力度、营造浓厚氛围，做好"合"效率，调动全社会力量主动加入到治水工作中来。⑥科技意识。利用科技治水，通过生态修复，建立起完整的水体生态系统，恢复水体的自净能力。⑦创新意识。在治水工作中勇于打破陈规，用创新思路打破壁垒，用创新方法有效化解矛盾，用创新制度有效解决难题。

启示二，整体规划先行，层层分解目标。①全省在剿劣行动中规划先行、目标分解实施。对剿劣行动的目标、步骤和措施安排有准确全面的把握。第一，做好督促工作，把一切落到实处，督促各地清晰剿劣验收标准；第二，做好指导工作，工作下沉一线、深入基层、联乡驻村、调查研究，指导和帮助解决剿劣中的难题；第三，做好剿劣督导，重点把握点与面的关系。以协调处理好断面控点作为工作重点，以整体把握全省水域包括小微水体为工作的面，既要抓住重点、精准发力，又要整体推进、全面覆盖；第四，督促指导各地在剿劣中形成无缝对接的任务推进机制，务实管用的责任落实机制，高效有序的内部运行机制，全民皆兵的协同作战机制。全面覆盖、动态把握。同时，严密防范个别地方为应付验收而采取放水、调水、换水等变通措施或采取填埋等野蛮方式处置小微水体。②各个城市都为治水和城市社会、经济发展进行总体规划，稳步实现目标。例如，台州黄岩区制定系统性的整改计划，以"污水零直排区"建设为中心，积极开展规划编制，加快区内污水处理厂及其污水管网等治水工程建设进度，加强污水处理能力，缓解雨污串管现象。浦江针对曾经80%溪流污染严重、90%以上"牛奶河"的水污染历史，邀请10多位专家进行"头脑风暴"，拟规划打造治水公园，做成水文化标本，将一万年来与水相关的生活形态体现出来，从而把自觉亲水、护水的行为逐渐融入当地人的习惯中。浦江的治水目标除了作为浙江治水的样本，还要体现治水的样态，也就是产业、民生、生态协调发展。规划在浦江县治水之后，制定新的发展目标，致力于打造更富有文化情调的"水晶之都""书画之乡"。

启示三，法规制度创新，目标实施落地。①推出全国首部河长制专项法规《浙江省河长制规定》，以立法的形式固化了先进经验，为规范河长工作行为和职责设立提供法律依据和法制保障。河长制是指在相应水域设立河长，由河长对其责任水域的治理、保护予以监督和协调，督促或者建议政府及相关主管部门履行法律责任解决责任水域存在问题的体制和机制，并指出河长负责的水域，其中省级河长主要管流域，负责协调和督促解决责任水域治理和保护的重大问题。河长依托自身权限和信息，通过监督、协调两大手段，让政府及相关主管部门共同承担起治理和保护的责任。河长制法规强化了河长的职责定位，通过立法将河长的职位坐实。②河长制使河长的职责落到实处。河长制把地方党政领导推到了第一责任人的位置，最大限度整合各级党委政府的执行力，弥补了早先"多头治水"的不足，进一步突出了责任制。河长制法规在法律层面厘清了各级河长的职责，让河长履职责权相当、有法可依。河长应当按规定程序进行协调、督促和报告。③该制度为河长履职，督促解决问题，提供了有力的法律武器。河长可以通过巡查帮助政府部门发现日常监督中未能履行到位的事项，可以提出监督检查的建议和对日常是否履行监督检查的职责做出认定和分析，并对重点事项提出要求。河长办按照规定受理河长对责任水域存在问题或者相关违法行为的报告，督促本级人民政府相关主管部门处理或查处，进一步保障河长履职。④对河长履职行为进行考核，列出了河长怠于履职的法律责任。依托河长制信息管理系统检查河长履职情况，既可增加考核公平性，又能实现河长间数据共享，助力治水工作。根据考核结果，河长履职成绩突出、成效明显的，给予表彰，村级河长还可以给予奖励。《浙江省河长制规定》的实施，对河长制体制机制予以明确，保障河长履职有章可循、有法可依，使浙江治水走上了法治化、常态化轨道。

启示四，责任分工明确，横向纵向联动。①河（湖）长的设置责任细化、分工明确。如《浙江省河（湖）长设置规则（试行）》明确河（湖）长体系的总体框架，以"横向到边、纵向到底"为宗旨，在全省搭建和完善五级河长体系，并将湖长体系纳入其中进行统一管理。制定"党政同责"的原则，要求党和政府各级总河长对各自行政区的河湖管理保护负总责；规范河（湖）长的设置，明确规定不同等级的省、市、县、乡负责同志所要承担的河长职位；推动河（湖）长网格化、全覆盖。《浙江省河长制规则》中指出根据河道所流经行政区域和湖泊（水库）所在行政区域，分级、分段、分区设立各级河长、湖长，直至村级，并且农村小河道也可以村为单位设立片区河长，从而能够实现河（湖）长网格化、全覆盖。②部门之间联动执法、协同配合，共同打出治水"组合拳"。例如，浙江省正式启动环境执法与司法联动机制，临安区设立"公安驻环保警务室"，对部分涉刑的环境违法案件，及时介入并全程协助查处、锁定证据和抓捕相关责任人，快、严、准地查处环境违法涉刑案件；嘉兴市环境监察支队、市食品药品环境犯罪侦查支队、市环境监测站的执法人员联合排查，全力击破海宁市德尔化工有限公司污水偷排案；再如，杭州临安的"五水共治"由八个部门负责牵头、联合多个部门共同配合完成，其中，农村生活污水治理由农办牵头，镇街协调完成；畜禽养殖整治由林业局牵头，各镇街负责实施；河长制工作由市水利水电局牵头，各级河长具体负责；污水处理厂的负荷率、处理率、达标率由规划建设局牵头落实；不达标河道的整治由各级河长负责和实施；砂场整治由砂石办牵头和实施；"五水共治"工程项目由各责任主体负责；全民协作治水由五水办负责落实。

启示五，全民参与治水，共享生态红利。①全民参与共襄五水共治，打造全民治水品牌特色。杭州、临安、绍兴等地政府及各部门广泛动员全民共同参与，积极营造政企民联动治水良好氛围。杭州下城区推行"井长制"，变"制污者"为"治污者"，让个体经营户做好治水表率；柯桥水务集团全面接管城乡生活污水治理和运维工作，开创省内首家由国有公司专业团队进行运维的"柯桥模式"，实行"四全管理"，将高科技的设施、设备落实到"人"；杭州探索智慧的雨污分流办法，在老城区试点推行截污到户；临安充分调动企业参与治水积极性，吸引上市公司、重点排污企业、环保治理公司等有条件的企业参与到"五水共治"中来。充分发扬民间治水力量，鼓励全市广大干部群众积极参与治水。②水环境的改善迎来商家入驻，促进区域绿色经济转型升级，全民共享生态红利。正如案例所述"商客也要挑好环境"，萧山区生态环境脱胎换骨的变化增强了其区域综合竞争力，从而引得阿里巴巴、网易、商汤科技等名企争相布局，文旅小镇、电影产业小镇、未来智造小镇等一批重点项目也提前在萧山占位。对于衢州而言，以水引商，推动绿色转型，吸引了旺旺、伊利、娃哈哈等一批大企业，以及以开化清水鱼为代表的水产养殖业得到迅速发展。杭州、绍兴、萧山、临安、衢州等地的案例表明，依托全民覆盖、全民治水推进治污任务，五水共治需将治水工作落实到基层，结合广大群众力量，在改善水环境的同时改善民生，促进经济转型升级，这一全民治水的思路对于中国各个地区和城市在治理污水方面都有很好的启示和借鉴作用。

启示六，数字科技运用，动态实时监控。①浙江省各地普遍运用数字科技技术，搭建智慧平台、采用 APP 系统进行治水，收效颇丰。例如，杭州市人大代表借助智慧化监督治水 APP 平台监督治污剿劣，推动了水岸同治、提质剿劣工作；萧山运用智慧云平台标识污染源，以便第一时间发现河道相关问题并处理；衢州市运用智慧平台"千里眼"实时监控河道、重要路段和地质灾害点，将大数据汇总到信息指挥中心，同时利用手机 APP 系统实现动态化管理，水质达标率全保持在 100%；椒江区同借助"天眼平台"让污染源看得见、依托"绿网工程"让信息公开更透明，再用"智慧环保"以事件驱动管理、数据辅助决策，全面剿劣；大溪镇以平安建设为主线，社会风险多元防范化解为基本点，运用全科网格，依托"四平台"信息快速流转，借助 APP 采集系统共享数据信息，全面提升了网格员处理事件效率。②各种智慧型监测器的运用，实现了污染源、河道、污水过滤等方面的动态实时监控，为长效治水打下科技基础。例如，萧山配备 CCTV 管道检测机器人进行全方位拍摄、收集数据，开发区还引入水质实时监测器，通过互联网技术传输信息，实现 24 小时动态管理；西湖区安装了多相微滤设备，将过滤后的杂质经过处理制成绿化肥料，日均处理量多达 16000 吨；淳安县实现生活污水刷卡"上岸"，搭建智慧液肥配送网络，建成千岛湖水质水华预警警报系统、通过生态系统观测站实验室全范围监测水质情况，大大提高千岛湖藻类的预测预警能力；台州市黄岩区建设在线恶臭监测系统，安装多台智能恶臭监控设备，为治污提供科学依据。综上，浙江省多个城市运用科技创新、智慧治水，自实施以来，水质改善幅度大，科技治水取得了卓越的成绩。

启示七，整治发展并举，产业转型升级。①整治主要体现在治水初期的"清三河"、中期的"剿灭劣 Ⅴ 类水"、中后期"污水零直排区"建设和后期的"美丽河湖"建设，还有长期治水需要坚持的生态系统保护和修复，以及增强生态系统自净能力方面。全省各城市和地区在整治工作中，依据相应国土资源规划、水污染防治、工商管理等各种法规，采取果断、强硬的执法手段，体现了坚定、果敢的工作作风。例如，杭州关停工作了半个多世纪、曾让杭州人无比自豪的杭钢，并加速淘汰治理大中小燃煤锅炉，关停转迁高能耗、高污染、高排放的企业。浦江通过严格执法，开展"清水零点行动"，打击偷排直排。运用工商法规，开展"金色阳光行动"，取缔无证无照；依据国土资源规划部门法规，开展"拆违治污行动"，拆除污染违建。两年累计拆除水晶污染违建加工场所 105 多万平方米，关停水晶加工户 19547 家。丽水市以剿灭劣 V 类水为目标开展"铁拳 1 号"剿劣护水专项执法行动，检查重点区域污染物防治设施运行、达标排放情况，对违法企业实施行政处罚，并探索建立快处重罚、全程监督和定期会商的案件查办模式，严惩破坏水环境的违法犯罪行为。②发展体现在以治水为抓手，结合当地实际，发展特色循环经济，倒逼企业转型升级。例如，衢州市衢江区打造自有品牌，将生猪养殖产业化、清洁化，水质提升的同时，深挖区域文化资源，发展文化战略，初步形成针灸康养、田园康养、运动康养和森林康养四大板块；浦江关停取缔多家水晶加工户后，公开募集资金为水晶产业转型注入强大动力，将污水地金狮湖治理转变为旅游胜地；建德市投入大量资金进行水岸同治，引导传统企业进行生态化改造、战略重组，现已形成集农产品生产加工、乡村旅游、产品销售于一体，第一、二、三产业融合发展的"第六产业"集群发展模式。湖州市对沿线全部进行截污，将旧址循环利用，积极推动企业转产；把"低小散"企业引进工业园区，建设综合整治配套园，对污水进行集中处理，大大改善了水环境质量和太湖生态环境，提升了人民幸福指数。

启示八，创新人才培养，夯实发展根基。①水情教育从孩子抓起、从细节抓起。作为浙江治水典型样本的浦江，在未来的治水公园设计中体现"为有源头活水来"的原则，在版图中体现各个地块的水系，同时每个断面也能看清实时监测数据，展示本地治水成果的同时，更加突出对居民的水情教育。安吉为了普及水情教育，着重于未来人才的培养，从小学就开始教授孩子水土保持知识，并建有一个占地面积 57.88 公顷的国家水土保持科技示范园，让孩子们有机会亲自体验和感受。在安吉，遍布城乡的 26 个展示馆都是水生态文明的活教材。兰溪也将治水的重点放在人才上，为了破解基层专业人才普遍缺乏的难题，主要从三方面发力：选聘生态环保员、选派河长助理、强化技能培训。②创建河长学院，并在全国范围进行推广。第一，河长学院传达和学习关于河长制新的政策方针、法律法规，做好政策解读，结合治水常用的技术特点，做好知识普及。第二，河长学院办学特色鲜明，立足绿色发展、浙江治水、教育服务为三大功能定位，并不断探索河长制教育培训新方式以及途径。第三，总结各地河长制的典型案例、成功模式及经验，进行推广与学习，服务于全国的河长制建设。第四，立足实际，前往各地调研，一方面将基层河长和河长制机构的意见建议和专业思路、想法相结合，优化和创新课程的形式和内容；另一方面，收集和整理各地河长的相关需求，为治水过程中出现的难题提供技术性指导，或可靠的对策建议。第五，河长学院不定期举办研讨会，汇聚治水专家和一线人员的集体智慧，深化合作，为河长制建设以及水环境改善献计献策。通过人才培养为治水成果的获得和保持夯实人员基础和发展根基。

参考文献

[1] 彭佳学. 浙江"五水共治"的探索与实践 [J]. 行政管理改革, 2018 (10)：9-14.

[2] 程国栋, 徐中民, 钟方雷. 张掖市面向幸福的水资源管理战略规划 [J]. 冰川冻土, 2011 (6)：1193-1202.

[3] 陈惠雄, 王晓鹏. 黑河流域居民水幸福感实证研究 [J]. 冰川冻土, 2016 (3)：845-852.

[4] 潘护林, 陈惠雄. 幸福导向下水资源配置理论模型实证研究 [J]. 商业经济与管理, 2017 (4)：80-88.

[5] 鲁明川. 杭州"五水共治"的生态逻辑及现实启示 [J]. 齐齐哈尔大学学报 (哲学社会科学版), 2017 (6)：45-47, 67.

[6] 虞伟. 五水共治：水环境治理的浙江实践 [J]. 环境保护, 2017 (2).

[7] 浙江工商大学课题组, 郑春勇. 水问题的综合治理与地方发展战略创新研究——基于浙江省"五水共治"的实证分析 [J]. 领导科学论坛, 2016 (13)：76-83.

[8] 鲁敏霞. 浙江海宁建立"五水共治"长效机制实践初探 [J]. 水利水电快报, 2018, 39 (11)：22-25.

[9] 浙江工商大学课题组, 郑春勇. 水问题的综合治理与地方发展战略创新研究——基于浙江省"五水共治"的实证分析 [J]. 领导科学论坛, 2016 (13)：76-83.

[10] 何锡君, 田玺泽, 王蓓卿. "五水共治"前后浙江省水功能区水质变化分析 [C]//2017 (第五届) 中国水生态大会论文集, 2017.

[11] 戴静. 基于"五水共治"科普宣传方式的探索与思考——以绍兴市科协工作为例 [C]//浙江省环境科学学会学术年会暨浙江环博会, 2017.

[12] 李佳, 张树斌. 浅谈"五水共治"工作——以浙江省兰溪市为例

[J]. 环境保护与循环经济，2019（5）：83-84.

[13] 梁英香. 余杭区创建花园式美丽牧场[J]. 中国畜牧业，2019（3）：69-70.

[14] 焦阳等."五水共治"专题文献资源库的建设探析[J]. 图书情报导刊，2015（21）：55-57.

[15] 王国翔. 五水共治的"门"与"路"[J]. 浙江经济，2014（16）：48-49.

[16] 周鑫根. 浙江省城市污水处理与回用战略对策[J]. 给水排水，2002，3（28）：32-33.

[17] 华永新. 杭州市农村生活污水处理情况调查和分析[J]. 农业工程技术：新能源产业，2008（6）：23-25.

[18] 中国工程院"21世纪中国可持续发展水资源战略研究"项目组. 中国可持续发展水资源战略研究综合报告[J]. 中国工程科学，2000（8）：1-17.

[19] 刘昌明. 二十一世纪中国水资源若干问题的讨论[J]. 水利水电技术，2002（1）：15-19.

[20] 冯尚友，刘国全. 水资源持续利用的框架[J]. 水科学进展，1997，8（4）：301-306.

[21] 曾嵘，魏一鸣，范英，李之杰，徐伟宣. 人口、资源、环境与经济协调发展系统分析[J]. 系统工程理论与实践，2000：1-6.

[22] 严登华，王浩，杨舒媛，刘明国，霍竹. 干旱区流域生态水文耦合模拟与调控的若干思考[J]. 地球科学进展，2008：773-777.

[23] 冯耀龙，韩文秀. 区域水经济复合系统可持续发展的综合评价[J]. 系统工程，1999，17（6）：28-32.

[24] 申碧峰. 北京市宏观经济水资源系统动力学模型[J]. 北京水利，1995（2）：14-16.

[25] 高彦春，刘昌明. 区域水资源系统仿真预测及优化决策研究——以汉中盆地平坝区为例[J]. 自然资源学报，1996，11（1）：23-32.

[26] 杨建强，罗先香. 水资源可持续利用的系统动力学仿真研究[J]. 城市环境与城市生态，1999，12（4）：26-29.

[27] 刘晓玉. 葫芦岛市水资源与经济社会发展的关系研究[D]. 南昌大学，2011.

[28] 严冬，周建中. 水价改革及其相关因素的一般均衡分析[J]. 水利

学报，2010，41（10）：1220-1227.

［29］王克强，李国军，刘红梅．中国农业水资源政策一般均衡模拟分析［J］．管理世界，2011（9）：81-92.

［30］马明．基于 CGE 模型的水资源短缺对国民经济的影响研究［D］．中国科学院地理科学与资源研究所，2001.

［31］夏军，黄浩．海河流域水污染及水资源短缺对经济发展的影响［J］．资源科学，2006，28：2-7.

［32］张永波，马祖宜，张庆保．城市水资源水环境系统多阶段灰色动态仿真模型［J］．太原理工大学学报，1998，29（3）：260-263.

［33］王月卿．运用价格杠杆促进节能减排［J］．工业水处理，2015，35（3）：81.

［34］唐要家，李增喜．居民递增型阶梯水价政策有效性研究［J］．产经评论，2015（1）：103-113.

［35］江苏省常州市物价局课题组．城市供水价格管理实践与改革对策研究——以常州市为例［J］．价格理论与实践，2015（2）：53-55.

［36］Decaluwe B，Party A，Savard L. When Water Is No Longer Heaven Sent：Comparative Pricing Analysis in an AGE Model［EB/OL］. www. ecn. ulaval. ca/w3/ recherche/cahiers/ 1999/9908. pdf.

［37］Kojima S. Water Policy Analysis towards Sustainable Development：A Dynamic CGE Approach［R］. Paper Presented to EcoMod，Istanbul，Turkey，2005.

［38］Lü X，Liu X P，Li Z B. Coupling Situation of Eco-economic System in Tarim River Basin［J］. Journal of Desert Research，2010，3030（3）：620-624.

［39］Ines Winz，Gary Brierley，Sam Trowsdale. The Use of System Dynamics Simulation in Water Resources Management［J］. Water Resources Management，2009，23（7）：1301-1323.

［40］Domene E，Saurí D. Urbanisation and Water Consumption：Influencing Factors in the Metropolitan Region of Barcelona［J］. Urban Studies，2006，43（9）：1605-1623.

［41］Gilg A，Barr S. Behavioural Attitudes towards Water Saving? Evidence from a Study of Environmental Actions［J］. Ecological Economics，2006，57（3）：400-414.

［42］Kantola S J，Syme G J，Nesdale A R. The Effects of Appraised Severity and Efficacy in Promoting Water Conservation: An Informational Analysis [J]. Journal of Applied Social Psychology, 1983, 13 (2): 164-182.

[43] Lam S P. Predicting Intention to Save Water: Theory of Planned Behavior, Response Efficacy, Vulnerability, and Perceived Efficiency of Alternative Solutions [J]. Journal of Applied Social Psychology, 2006, 36 (11): 2803-2824.

[44] Syme G. J. , Nancarrow B. E. , Seligman C. The Evaluation of Information Campaigns to Promote Voluntary Household Water Conservation [J]. Evaluation Review, 2000, 24 (6): 539-578.

[45] Brun S. E. , Band L. E. Simulating Runoff Behavior in an Urbanizing Watershed [J]. Computers, Environment and Urban Systems, 2000 (24): 5-22.

[46] Xie Jian, Sidney Saltzman. Environmental Policy Analysis: An Environmental Computable General - equilibrium Approachfor Developing Countries [J]. Journal of Policy Modeling, 2000 (22): 453-489.

[47] Salvaggio M. , Futrell R. , Batson C. D. , et al. Water Scarcity in the Desert Metropolis: How Environmental Values, Knowledge and Concern Affect Las Vegas Residents' Support for Water Conservation Policy [J]. Journal of Environmental Planning and Management, 2014, 57 (4): 588-611.

[48] Dascher E. D. , Kang J. , Hustvedt G. Water Sustainability: Environmental Attitude, Drought Attitude and Motivation [J]. International Journal of Consumer Studies, 2014, 38 (5): 467-474.

附　录
水资源绿色管理的相关法律法规

附录1　水资源绿色管理的代表性法律法规列表

《中华人民共和国水法》

第六条　国家鼓励单位和个人依法开发、利用水资源，并保护其合法权益。开发、利用水资源的单位和个人有依法保护水资源的义务。

第七条　国家对水资源依法实行取水许可制度和有偿使用制度。但是，农村集体经济组织及其成员使用本集体经济组织的水塘、水库中的水的除外。国务院水行政主管部门负责全国取水许可制度和水资源有偿使用制度的组织实施。

第八条　国家厉行节约用水，大力推行节约用水措施，推广节约用水新技术、新工艺，发展节水型工业、农业和服务业，建立节水型社会。

各级人民政府应当采取措施，加强对节约用水的管理，建立节约用水技术开发推广体系，培育和发展节约用水产业。

单位和个人有节约用水的义务。

第九条　国家保护水资源，采取有效措施，保护植被，植树种草，涵养水源，防治水土流失和水体污染，改善生态环境。

第十条　国家鼓励和支持开发、利用、节约、保护、管理水资源和防治水害的先进科学技术的研究、推广和应用。

第十一条　在开发、利用、节约、保护、管理水资源和防治水害等方面成绩显著的单位和个人，由人民政府给予奖励。

《浙江省水资源管理条例》

第七条 单位和个人都有保护水资源和节约用水的义务。鼓励单位和个人以多种形式参与水资源的开发、利用，其合法权益受法律保护。

在开发、利用、节约、保护、管理水资源等方面成绩显著的单位和个人，由人民政府给予奖励。

《浙江省河长制规定》

第一条 为了推进和保障河长制实施，促进综合治水工作，制定本规定。

第二条 本规定所称河长制，是指在相应水域设立河长，由河长对其责任水域的治理、保护予以监督和协调，督促或者建议政府及相关主管部门履行法定职责、解决责任水域存在问题的体制和机制。

本规定所称水域，包括江河、湖泊、水库以及水渠、水塘等水体。

附录 2　中华人民共和国水法

（1988 年 1 月 21 日第六届全国人民代表大会常务委员会第 24 次会议通过
2002 年 8 月 29 日第九届全国人民代表大会常务委员会第二十九次会议修订通过
根据 2009 年 8 月 27 日第十一届全国人民代表大会常务委员会第十次会议
通过的《全国人民代表大会常务委员会关于修改部分法律的决定》修改
根据 2016 年 7 月 2 日第十二届全国人民代表大会常务委员会第二十一次会议
通过的《全国人民代表大会常务委员会关于修改〈中华人民共和国
节约能源法〉等六部法律的决定》修改）

第一章　总　则

第一条 为了合理开发、利用、节约和保护水资源，防治水害，实现水资源的可持续利用，适应国民经济和社会发展的需要，制定本法。

第二条 在中华人民共和国领域内开发、利用、节约、保护、管理水资源，防治水害，适用本法。

本法所称水资源，包括地表水和地下水。

第三条 水资源属于国家所有。水资源的所有权由国务院代表国家行使。

农村集体经济组织的水塘和由农村集体经济组织修建管理的水库中的水，归各该农村集体经济组织使用。

第四条　开发、利用、节约、保护水资源和防治水害，应当全面规划、统筹兼顾、标本兼治、综合利用、讲求效益，发挥水资源的多种功能，协调好生活、生产经营和生态环境用水。

第五条　县级以上人民政府应当加强水利基础设施建设，并将其纳入本级国民经济和社会发展计划。

第六条　国家鼓励单位和个人依法开发、利用水资源，并保护其合法权益。开发、利用水资源的单位和个人有依法保护水资源的义务。

第七条　国家对水资源依法实行取水许可制度和有偿使用制度。但是，农村集体经济组织及其成员使用本集体经济组织的水塘、水库中的水的除外。国务院水行政主管部门负责全国取水许可制度和水资源有偿使用制度的组织实施。

第八条　国家厉行节约用水，大力推行节约用水措施，推广节约用水新技术、新工艺，发展节水型工业、农业和服务业，建立节水型社会。

各级人民政府应当采取措施，加强对节约用水的管理，建立节约用水技术开发推广体系，培育和发展节约用水产业。

单位和个人有节约用水的义务。

第九条　国家保护水资源，采取有效措施，保护植被，植树种草，涵养水源，防治水土流失和水体污染，改善生态环境。

第十条　国家鼓励和支持开发、利用、节约、保护、管理水资源和防治水害的先进科学技术的研究、推广和应用。

第十一条　在开发、利用、节约、保护、管理水资源和防治水害等方面成绩显著的单位和个人，由人民政府给予奖励。

第十二条　国家对水资源实行流域管理与行政区域管理相结合的管理体制。

国务院水行政主管部门负责全国水资源的统一管理和监督工作。

国务院水行政主管部门在国家确定的重要江河、湖泊设立的流域管理机构（以下简称流域管理机构），在所管辖的范围内行使法律、行政法规规定的和国务院水行政主管部门授予的水资源管理和监督职责。

县级以上地方人民政府水行政主管部门按照规定的权限，负责本行政区域内水资源的统一管理和监督工作。

第十三条 国务院有关部门按照职责分工，负责水资源开发、利用、节约和保护的有关工作。

县级以上地方人民政府有关部门按照职责分工，负责本行政区域内水资源开发、利用、节约和保护的有关工作。

第二章 水资源规划

第十四条 国家制定全国水资源战略规划。

开发、利用、节约、保护水资源和防治水害，应当按照流域、区域统一制定规划。规划分为流域规划和区域规划。流域规划包括流域综合规划和流域专业规划；区域规划包括区域综合规划和区域专业规划。

前款所称综合规划，是指根据经济社会发展需要和水资源开发利用现状编制的开发、利用、节约、保护水资源和防治水害的总体部署。前款所称专业规划，是指防洪、治涝、灌溉、航运、供水、水力发电、竹木流放、渔业、水资源保护、水土保持、防沙治沙、节约用水等规划。

第十五条 流域范围内的区域规划应当服从流域规划，专业规划应当服从综合规划。

流域综合规划和区域综合规划以及与土地利用关系密切的专业规划，应当与国民经济和社会发展规划以及土地利用总体规划、城市总体规划和环境保护规划相协调，兼顾各地区、各行业的需要。

第十六条 制定规划，必须进行水资源综合科学考察和调查评价。水资源综合科学考察和调查评价，由县级以上人民政府水行政主管部门会同同级有关部门组织进行。

县级以上人民政府应当加强水文、水资源信息系统建设。县级以上人民政府水行政主管部门和流域管理机构应当加强对水资源的动态监测。

基本水文资料应当按照国家有关规定予以公开。

第十七条 国家确定的重要江河、湖泊的流域综合规划，由国务院水行政主管部门会同国务院有关部门和有关省、自治区、直辖市人民政府编制，报国务院批准。跨省、自治区、直辖市的其他江河、湖泊的流域综合规划和区域综合规划，由有关流域管理机构会同江河、湖泊所在地的省、自治区、直辖市人民政府水行政主管部门和有关部门编制，分别经有关省、自治区、直辖市人民政府审查提出意见后，报国务院水行政主管部门审核；国务院水行政主管部门征求国务院有关部门意见后，报国务院或者其授权的部门批准。

前款规定以外的其他江河、湖泊的流域综合规划和区域综合规划，由县级以上地方人民政府水行政主管部门会同同级有关部门和有关地方人民政府编制，报本级人民政府或者其授权的部门批准，并报上一级水行政主管部门备案。

专业规划由县级以上人民政府有关部门编制，征求同级其他有关部门意见后，报本级人民政府批准。其中，防洪规划、水土保持规划的编制、批准，依照防洪法、水土保持法的有关规定执行。

第十八条　规划一经批准，必须严格执行。

经批准的规划需要修改时，必须按照规划编制程序经原批准机关批准。

第十九条　建设水工程，必须符合流域综合规划。在国家确定的重要江河、湖泊和跨省、自治区、直辖市的江河、湖泊上建设水工程，未取得有关流域管理机构签署的符合流域综合规划要求的规划同意书的，建设单位不得开工建设；在其他江河、湖泊上建设水工程，未取得县级以上地方人民政府水行政主管部门按照管理权限签署的符合流域综合规划要求的规划同意书的，建设单位不得开工建设。水工程建设涉及防洪的，依照防洪法的有关规定执行；涉及其他地区和行业的，建设单位应当事先征求有关地区和部门的意见。

第三章　水资源开发利用

第二十条　开发、利用水资源，应当坚持兴利与除害相结合，兼顾上下游、左右岸和有关地区之间的利益，充分发挥水资源的综合效益，并服从防洪的总体安排。

第二十一条　开发、利用水资源，应当首先满足城乡居民生活用水，并兼顾农业、工业、生态环境用水以及航运等需要。

在干旱和半干旱地区开发、利用水资源，应当充分考虑生态环境用水需要。

第二十二条　跨流域调水，应当进行全面规划和科学论证，统筹兼顾调出和调入流域的用水需要，防止对生态环境造成破坏。

第二十三条　地方各级人民政府应当结合本地区水资源的实际情况，按照地表水与地下水统一调度开发、开源与节流相结合、节流优先和污水处理再利用的原则，合理组织开发、综合利用水资源。

国民经济和社会发展规划以及城市总体规划的编制、重大建设项目的布局，应当与当地水资源条件和防洪要求相适应，并进行科学论证；在水资源不足的地区，应当对城市规模和建设耗水量大的工业、农业和服务业项目加以限制。

第二十四条　在水资源短缺的地区，国家鼓励对雨水和微咸水的收集、开发、利用和对海水的利用、淡化。

第二十五条　地方各级人民政府应当加强对灌溉、排涝、水土保持工作的领导，促进农业生产发展；在容易发生盐碱化和渍害的地区，应当采取措施，控制和降低地下水的水位。

农村集体经济组织或者其成员依法在本集体经济组织所有的集体土地或者承包土地上投资兴建水工程设施的，按照谁投资建设谁管理和谁受益的原则，对水工程设施及其蓄水进行管理和合理使用。

农村集体经济组织修建水库应当经县级以上地方人民政府水行政主管部门批准。

第二十六条　国家鼓励开发、利用水能资源。在水能丰富的河流，应当有计划地进行多目标梯级开发。

建设水力发电站，应当保护生态环境，兼顾防洪、供水、灌溉、航运、竹木流放和渔业等方面的需要。

第二十七条　国家鼓励开发、利用水运资源。在水生生物洄游通道、通航或者竹木流放的河流上修建永久性拦河闸坝，建设单位应当同时修建过鱼、过船、过木设施，或者经国务院授权的部门批准采取其他补救措施，并妥善安排施工和蓄水期间的水生生物保护、航运和竹木流放，所需费用由建设单位承担。

在不通航的河流或者人工水道上修建闸坝后可以通航的，闸坝建设单位应当同时修建过船设施或者预留过船设施位置。

第二十八条　任何单位和个人引水、截（蓄）水、排水，不得损害公共利益和他人的合法权益。

第二十九条　国家对水工程建设移民实行开发性移民的方针，按照前期补偿、补助与后期扶持相结合的原则，妥善安排移民的生产和生活，保护移民的合法权益。

移民安置应当与工程建设同步进行。建设单位应当根据安置地区的环境容量和可持续发展的原则，因地制宜，编制移民安置规划，经依法批准后，由有关地方人民政府组织实施。所需移民经费列入工程建设投资计划。

第四章　水资源、水域和水工程的保护

第三十条　县级以上人民政府水行政主管部门、流域管理机构以及其他有关部门在制定水资源开发、利用规划和调度水资源时，应当注意维持江河的合理流量和湖泊、水库以及地下水的合理水位，维护水体的自然净化能力。

第三十一条　从事水资源开发、利用、节约、保护和防治水害等水事活动，应当遵守经批准的规划；因违反规划造成江河和湖泊水域使用功能降低、地下水超采、地面沉降、水体污染的，应当承担治理责任。

开采矿藏或者建设地下工程，因疏干排水导致地下水水位下降、水源枯竭或者地面塌陷，采矿单位或者建设单位应当采取补救措施；对他人生活和生产造成损失的，依法给予补偿。

第三十二条　国务院水行政主管部门会同国务院环境保护行政主管部门、有关部门和有关省、自治区、直辖市人民政府，按照流域综合规划、水资源保护规划和经济社会发展要求，拟定国家确定的重要江河、湖泊的水功能区划，报国务院批准。跨省、自治区、直辖市的其他江河、湖泊的水功能区划，由有关流域管理机构会同江河、湖泊所在地的省、自治区、直辖市人民政府水行政主管部门、环境保护行政主管部门和其他有关部门拟定，分别经有关省、自治区、直辖市人民政府审查提出意见后，由国务院水行政主管部门会同国务院环境保护行政主管部门审核，报国务院或者其授权的部门批准。

前款规定以外的其他江河、湖泊的水功能区划，由县级以上地方人民政府水行政主管部门会同同级人民政府环境保护行政主管部门和有关部门拟定，报同级人民政府或者其授权的部门批准，并报上一级水行政主管部门和环境保护行政主管部门备案。

县级以上人民政府水行政主管部门或者流域管理机构应当按照水功能区对水质的要求和水体的自然净化能力，核定该水域的纳污能力，向环境保护行政主管部门提出该水域的限制排污总量意见。

县级以上地方人民政府水行政主管部门和流域管理机构应当对水功能区的水质状况进行监测，发现重点污染物排放总量超过控制指标的，或者水功能区的水质未达到水域使用功能对水质的要求的，应当及时报告有关人民政府采取治理措施，并向环境保护行政主管部门通报。

第三十三条　国家建立饮用水水源保护区制度。省、自治区、直辖市人民政府应当划定饮用水水源保护区，并采取措施，防止水源枯竭和水体污染，

保证城乡居民饮用水安全。

第三十四条 禁止在饮用水水源保护区内设置排污口。

在江河、湖泊新建、改建或者扩大排污口，应当经过有管辖权的水行政主管部门或者流域管理机构同意，由环境保护行政主管部门负责对该建设项目的环境影响报告书进行审批。

第三十五条 从事工程建设，占用农业灌溉水源、灌排工程设施，或者对原有灌溉用水、供水水源有不利影响的，建设单位应当采取相应的补救措施；造成损失的，依法给予补偿。

第三十六条 在地下水超采地区，县级以上地方人民政府应当采取措施，严格控制开采地下水。在地下水严重超采地区，经省、自治区、直辖市人民政府批准，可以划定地下水禁止开采或者限制开采区。在沿海地区开采地下水，应当经过科学论证，并采取措施，防止地面沉降和海水入侵。

第三十七条 禁止在江河、湖泊、水库、运河、渠道内弃置、堆放阻碍行洪的物体和种植阻碍行洪的林木及高秆作物。

禁止在河道管理范围内建设妨碍行洪的建筑物、构筑物以及从事影响河势稳定、危害河岸堤防安全和其他妨碍河道行洪的活动。

第三十八条 在河道管理范围内建设桥梁、码头和其他拦河、跨河、临河建筑物、构筑物，铺设跨河管道、电缆，应当符合国家规定的防洪标准和其他有关的技术要求，工程建设方案应当依照防洪法的有关规定报经有关水行政主管部门审查同意。

因建设前款工程设施，需要扩建、改建、拆除或者损坏原有水工程设施的，建设单位应当负担扩建、改建的费用和损失补偿。但是，原有工程设施属于违法工程的除外。

第三十九条 国家实行河道采砂许可制度。河道采砂许可制度实施办法，由国务院规定。

在河道管理范围内采砂，影响河势稳定或者危及堤防安全的，有关县级以上人民政府水行政主管部门应当划定禁采区和规定禁采期，并予以公告。

第四十条 禁止围湖造地。已经围垦的，应当按照国家规定的防洪标准有计划地退地还湖。

禁止围垦河道。确需围垦的，应当经过科学论证，经省、自治区、直辖市人民政府水行政主管部门或者国务院水行政主管部门同意后，报本级人民政府批准。

第四十一条　单位和个人有保护水工程的义务，不得侵占、毁坏堤防、护岸、防汛、水文监测、水文地质监测等工程设施。

第四十二条　县级以上地方人民政府应当采取措施，保障本行政区域内水工程，特别是水坝和堤防的安全，限期消除险情。水行政主管部门应当加强对水工程安全的监督管理。

第四十三条　国家对水工程实施保护。国家所有的水工程应当按照国务院的规定划定工程管理和保护范围。

国务院水行政主管部门或者流域管理机构管理的水工程，由主管部门或者流域管理机构商有关省、自治区、直辖市人民政府划定工程管理和保护范围。

前款规定以外的其他水工程，应当按照省、自治区、直辖市人民政府的规定，划定工程保护范围和保护职责。

在水工程保护范围内，禁止从事影响水工程运行和危害水工程安全的爆破、打井、采石、取土等活动。

第五章　水资源配置和节约使用

第四十四条　国务院发展计划主管部门和国务院水行政主管部门负责全国水资源的宏观调配。全国的和跨省、自治区、直辖市的水中长期供求规划，由国务院水行政主管部门会同有关部门制订，经国务院发展计划主管部门审查批准后执行。地方的水中长期供求规划，由县级以上地方人民政府水行政主管部门会同同级有关部门依据上一级水中长期供求规划和本地区的实际情况制订，经本级人民政府发展计划主管部门审查批准后执行。

水中长期供求规划应当依据水的供求现状、国民经济和社会发展规划、流域规划、区域规划，按照水资源供需协调、综合平衡、保护生态、厉行节约、合理开源的原则制定。

第四十五条　调蓄径流和分配水量，应当依据流域规划和水中长期供求规划，以流域为单元制定水量分配方案。

跨省、自治区、直辖市的水量分配方案和旱情紧急情况下的水量调度预案，由流域管理机构商有关省、自治区、直辖市人民政府制订，报国务院或者其授权的部门批准后执行。其他跨行政区域的水量分配方案和旱情紧急情况下的水量调度预案，由共同的上一级人民政府水行政主管部门商有关地方人民政府制订，报本级人民政府批准后执行。

水量分配方案和旱情紧急情况下的水量调度预案经批准后，有关地方人民政府必须执行。

在不同行政区域之间的边界河流上建设水资源开发、利用项目，应当符合该流域经批准的水量分配方案，由有关县级以上地方人民政府报共同的上一级人民政府水行政主管部门或者有关流域管理机构批准。

第四十六条 县级以上地方人民政府水行政主管部门或者流域管理机构应当根据批准的水量分配方案和年度预测来水量，制定年度水量分配方案和调度计划，实施水量统一调度；有关地方人民政府必须服从。

国家确定的重要江河、湖泊的年度水量分配方案，应当纳入国家的国民经济和社会发展年度计划。

第四十七条 国家对用水实行总量控制和定额管理相结合的制度。

省、自治区、直辖市人民政府有关行业主管部门应当制订本行政区域内行业用水定额，报同级水行政主管部门和质量监督检验行政主管部门审核同意后，由省、自治区、直辖市人民政府公布，并报国务院水行政主管部门和国务院质量监督检验行政主管部门备案。

县级以上地方人民政府发展计划主管部门会同同级水行政主管部门，根据用水定额、经济技术条件以及水量分配方案确定的可供本行政区域使用的水量，制定年度用水计划，对本行政区域内的年度用水实行总量控制。

第四十八条 直接从江河、湖泊或者地下取用水资源的单位和个人，应当按照国家取水许可制度和水资源有偿使用制度的规定，向水行政主管部门或者流域管理机构申请领取取水许可证，并缴纳水资源费，取得取水权。但是，家庭生活和零星散养、圈养畜禽饮用等少量取水的除外。

实施取水许可制度和征收管理水资源费的具体办法，由国务院规定。

第四十九条 用水应当计量，并按照批准的用水计划用水。

用水实行计量收费和超定额累进加价制度。

第五十条 各级人民政府应当推行节水灌溉方式和节水技术，对农业蓄水、输水工程采取必要的防渗漏措施，提高农业用水效率。

第五十一条 工业用水应当采用先进技术、工艺和设备，增加循环用水次数，提高水的重复利用率。

国家逐步淘汰落后的、耗水量高的工艺、设备和产品，具体名录由国务院经济综合主管部门会同国务院水行政主管部门和有关部门制定并公布。生产者、销售者或者生产经营中的使用者应当在规定的时间内停止生产、销售或者使用列入名录的工艺、设备和产品。

第五十二条　城市人民政府应当因地制宜采取有效措施，推广节水型生活用水器具，降低城市供水管网漏失率，提高生活用水效率；加强城市污水集中处理，鼓励使用再生水，提高污水再生利用率。

第五十三条　新建、扩建、改建建设项目，应当制订节水措施方案，配套建设节水设施。节水设施应当与主体工程同时设计、同时施工、同时投产。

供水企业和自建供水设施的单位应当加强供水设施的维护管理，减少水的漏失。

第五十四条　各级人民政府应当积极采取措施，改善城乡居民的饮用水条件。

第五十五条　使用水工程供应的水，应当按照国家规定向供水单位缴纳水费。供水价格应当按照补偿成本、合理收益、优质优价、公平负担的原则确定。具体办法由省级以上人民政府价格主管部门会同同级水行政主管部门或者其他供水行政主管部门依据职权制定。

第六章　水事纠纷处理与执法监督检查

第五十六条　不同行政区域之间发生水事纠纷的，应当协商处理；协商不成的，由上一级人民政府裁决，有关各方必须遵照执行。在水事纠纷解决前，未经各方达成协议或者共同的上一级人民政府批准，在行政区域交界线两侧一定范围内，任何一方不得修建排水、阻水、取水和截（蓄）水工程，不得单方面改变水的现状。

第五十七条　单位之间、个人之间、单位与个人之间发生的水事纠纷，应当协商解决；当事人不愿协商或者协商不成的，可以申请县级以上地方人民政府或者其授权的部门调解，也可以直接向人民法院提起民事诉讼。县级以上地方人民政府或者其授权的部门调解不成的，当事人可以向人民法院提起民事诉讼。

在水事纠纷解决前，当事人不得单方面改变现状。

第五十八条　县级以上人民政府或者其授权的部门在处理水事纠纷时，有权采取临时处置措施，有关各方或者当事人必须服从。

第五十九条　县级以上人民政府水行政主管部门和流域管理机构应当对违反本法的行为加强监督检查并依法进行查处。

水政监督检查人员应当忠于职守，秉公执法。

第六十条　县级以上人民政府水行政主管部门、流域管理机构及其水政监督检查人员履行本法规定的监督检查职责时，有权采取下列措施：

（一）要求被检查单位提供有关文件、证照、资料；

（二）要求被检查单位就执行本法的有关问题作出说明；

（三）进入被检查单位的生产场所进行调查；

（四）责令被检查单位停止违反本法的行为，履行法定义务。

第六十一条　有关单位或者个人对水政监督检查人员的监督检查工作应当给予配合，不得拒绝或者阻碍水政监督检查人员依法执行职务。

第六十二条　水政监督检查人员在履行监督检查职责时，应当向被检查单位或者个人出示执法证件。

第六十三条　县级以上人民政府或者上级水行政主管部门发现本级或者下级水行政主管部门在监督检查工作中有违法或者失职行为的，应当责令其限期改正。

第七章　法律责任

第六十四条　水行政主管部门或者其他有关部门以及水工程管理单位及其工作人员，利用职务上的便利收取他人财物、其他好处或者玩忽职守，对不符合法定条件的单位或者个人核发许可证、签署审查同意意见，不按照水量分配方案分配水量，不按照国家有关规定收取水资源费，不履行监督职责，或者发现违法行为不予查处，造成严重后果，构成犯罪的，对负有责任的主管人员和其他直接责任人员依照刑法的有关规定追究刑事责任；尚不够刑事处罚的，依法给予行政处分。

第六十五条　在河道管理范围内建设妨碍行洪的建筑物、构筑物，或者从事影响河势稳定、危害河岸堤防安全和其他妨碍河道行洪的活动的，由县级以上人民政府水行政主管部门或者流域管理机构依据职权，责令停止违法行为，限期拆除违法建筑物、构筑物，恢复原状；逾期不拆除、不恢复原状的，强行拆除，所需费用由违法单位或者个人负担，并处一万元以上十万元以下的罚款。

未经水行政主管部门或者流域管理机构同意，擅自修建水工程，或者建设桥梁、码头和其他拦河、跨河、临河建筑物、构筑物，铺设跨河管道、电缆，且防洪法未作规定的，由县级以上人民政府水行政主管部门或者流域管理机构依据职权，责令停止违法行为，限期补办有关手续；逾期不补办或者补办未被批准的，责令限期拆除违法建筑物、构筑物；逾期不拆除的，强行拆除，所需费用由违法单位或者个人负担，并处一万元以上十万元以下的罚款。

虽经水行政主管部门或者流域管理机构同意，但未按照要求修建前款所列工程设施的，由县级以上人民政府水行政主管部门或者流域管理机构依据职权，责令限期改正，按照情节轻重，处一万元以上十万元以下的罚款。

第六十六条　有下列行为之一，且防洪法未作规定的，由县级以上人民政府水行政主管部门或者流域管理机构依据职权，责令停止违法行为，限期清除障碍或者采取其他补救措施，处一万元以上五万元以下的罚款：

（一）在江河、湖泊、水库、运河、渠道内弃置、堆放阻碍行洪的物体和种植阻碍行洪的林木及高秆作物的；

（二）围湖造地或者未经批准围垦河道的。

第六十七条　在饮用水水源保护区内设置排污口的，由县级以上地方人民政府责令限期拆除、恢复原状；逾期不拆除、不恢复原状的，强行拆除、恢复原状，并处五万元以上十万元以下的罚款。

未经水行政主管部门或者流域管理机构审查同意，擅自在江河、湖泊新建、改建或者扩大排污口的，由县级以上人民政府水行政主管部门或者流域管理机构依据职权，责令停止违法行为，限期恢复原状，处五万元以上十万元以下的罚款。

第六十八条　生产、销售或者在生产经营中使用国家明令淘汰的落后的、耗水量高的工艺、设备和产品的，由县级以上地方人民政府经济综合主管部门责令停止生产、销售或者使用，处二万元以上十万元以下的罚款。

第六十九条　有下列行为之一的，由县级以上人民政府水行政主管部门或者流域管理机构依据职权，责令停止违法行为，限期采取补救措施，处二万元以上十万元以下的罚款；情节严重的，吊销其取水许可证：

（一）未经批准擅自取水的；

（二）未依照批准的取水许可规定条件取水的。

第七十条　拒不缴纳、拖延缴纳或者拖欠水资源费的，由县级以上人民政府水行政主管部门或者流域管理机构依据职权，责令限期缴纳；逾期不缴纳的，从滞纳之日起按日加收滞纳部分千分之二的滞纳金，并处应缴或者补缴水资源费一倍以上五倍以下的罚款。

第七十一条　建设项目的节水设施没有建成或者没有达到国家规定的要

求，擅自投入使用的，由县级以上人民政府有关部门或者流域管理机构依据职权，责令停止使用，限期改正，处五万元以上十万元以下的罚款。

第七十二条　有下列行为之一，构成犯罪的，依照刑法的有关规定追究刑事责任；尚不够刑事处罚，且防洪法未作规定的，由县级以上地方人民政府水行政主管部门或者流域管理机构依据职权，责令停止违法行为，采取补救措施，处一万元以上五万元以下的罚款；违反治安管理处罚法的，由公安机关依法给予治安管理处罚；给他人造成损失的，依法承担赔偿责任：

（一）侵占、毁坏水工程及堤防、护岸等有关设施，毁坏防汛、水文监测、水文地质监测设施的；

（二）在水工程保护范围内，从事影响水工程运行和危害水工程安全的爆破、打井、采石、取土等活动的。

第七十三条　侵占、盗窃或者抢夺防汛物资，防洪排涝、农田水利、水文监测和测量以及其他水工程设备和器材，贪污或者挪用国家救灾、抢险、防汛、移民安置和补偿及其他水利建设款物，构成犯罪的，依照刑法的有关规定追究刑事责任。

第七十四条　在水事纠纷发生及其处理过程中煽动闹事、结伙斗殴、抢夺或者损坏公私财物、非法限制他人人身自由，构成犯罪的，依照刑法的有关规定追究刑事责任；尚不够刑事处罚的，由公安机关依法给予治安管理处罚。

第七十五条　不同行政区域之间发生水事纠纷，有下列行为之一的，对负有责任的主管人员和其他直接责任人员依法给予行政处分：

（一）拒不执行水量分配方案和水量调度预案的；

（二）拒不服从水量统一调度的；

（三）拒不执行上一级人民政府的裁决的；

（四）在水事纠纷解决前，未经各方达成协议或者上一级人民政府批准，单方面违反本法规定改变水的现状的。

第七十六条　引水、截（蓄）水、排水，损害公共利益或者他人合法权益的，依法承担民事责任。

第七十七条　对违反本法第三十九条有关河道采砂许可制度规定的行政处罚，由国务院规定。

第八章　附则

第七十八条　中华人民共和国缔结或者参加的与国际或者国境边界河流、湖泊有关的国际条约、协定与中华人民共和国法律有不同规定的，适用国际条约、协定的规定。但是，中华人民共和国声明保留的条款除外。

第七十九条　本法所称水工程，是指在江河、湖泊和地下水源上开发、利用、控制、调配和保护水资源的各类工程。

第八十条　海水的开发、利用、保护和管理，依照有关法律的规定执行。

第八十一条　从事防洪活动，依照防洪法的规定执行。

水污染防治，依照水污染防治法的规定执行。

第八十二条　本法自 2002 年 10 月 1 日起施行。

附录 3　中华人民共和国河道管理条例

（2018 年 3 月 19 日修正）

（1988 年 6 月 10 日中华人民共和国国务院令第 3 号发布

根据 2011 年 1 月 8 日《国务院关于废止和修改部分行政法规的决定》第一次修订

根据 2017 年 3 月 1 日《国务院关于修改和废止部分行政法规的决定》第二次修订

根据 2017 年 10 月 7 日《国务院关于修改部分行政法规的决定》第三次修订

根据 2018 年 3 月 19 日《国务院关于修改和废止部分行政

法规的决定》第四次修订）

第一章　总则

第一条

为加强河道管理，保障防洪安全，发挥江河湖泊的综合效益，根据《中华人民共和国水法》，制定本条例。

第二条

本条例适用于中华人民共和国领域内的河道（包括湖泊、人工水道，行洪区、蓄洪区、滞洪区）。

河道内的航道，同时适用《中华人民共和国航道管理条例》。

第三条

开发利用江河湖泊水资源和防治水害，应当全面规划、统筹兼顾、综合利用、讲求效益，服从防洪的总体安排，促进各项事业的发展。

第四条

国务院水利行政主管部门是全国河道的主管机关。

各省、自治区、直辖市的水利行政主管部门是该行政区域的河道主管机关。

第五条

国家对河道实行按水系统一管理和分级管理相结合的原则。

长江、黄河、淮河、海河、珠江、松花江、辽河等大江大河的主要河段，跨省、自治区、直辖市的重要河段，省、自治区、直辖市之间的边界河道以及国境边界河道，由国家授权的江河流域管理机构实施管理，或者由上述江河所在省、自治区、直辖市的河道主管机关根据流域统一规划实施管理。其他河道由省、自治区、直辖市或者市、县的河道主管机关实施管理。

第六条

河道划分等级。河道等级标准由国务院水利行政主管部门制定。

第七条

河道防汛和清障工作实行地方人民政府行政首长负责制。

第八条

各级人民政府河道主管机关以及河道监理人员，必须按照国家法律、法规，加强河道管理，执行供水计划和防洪调度命令，维护水工程和人民生命财产安全。

第九条

一切单位和个人都有保护河道堤防安全和参加防汛抢险的义务。

第二章　河道整治与建设

第十条

河道的整治与建设，应当服从流域综合规划，符合国家规定的防洪标准、通航标准和其他有关技术要求，维护堤防安全，保持河势稳定和行洪、航运通畅。

第十一条

修建开发水利、防治水害、整治河道的各类工程和跨河、穿河、穿堤、临河的桥梁、码头、道路、渡口、管道、缆线等建筑物及设施，建设单位必须按照河道管理权限，将工程建设方案报送河道主管机关审查同意。未经河道主管机关审查同意的，建设单位不得开工建设。

建设项目经批准后，建设单位应当将施工安排告知河道主管机关。

第十二条

修建桥梁、码头和其他设施，必须按照国家规定的防洪标准所确定的河宽进行，不得缩窄行洪通道。

桥梁和栈桥的梁底必须高于设计洪水位，并按照防洪和航运的要求，留有一定的超高。设计洪水位由河道主管机关根据防洪规划确定。

跨越河道的管道、线路的净空高度必须符合防洪和航运的要求。

第十三条

交通部门进行航道整治，应当符合防洪安全要求，并事先征求河道主管机关对有关设计和计划的意见。

水利部门进行河道整治，涉及航道的，应当兼顾航运的需要，并事先征求交通部门对有关设计和计划的意见。

在国家规定可以流放竹木的河流和重要的渔业水域进行河道、航道整治，建设单位应当兼顾竹木水运和渔业发展的需要，并事先将有关设计和计划送同级林业、渔业主管部门征求意见。

第十四条

堤防上已修建的涵闸、泵站和埋设的穿堤管道、缆线等建筑物及设施，河道主管机关应当定期检查，对不符合工程安全要求的，限期改建。

在堤防上新建前款所指建筑物及设施，应当服从河道主管机关的安全管理。

第十五条

确需利用堤顶或者戗台兼做公路的，须经县级以上地方人民政府河道主管机关批准。堤身和堤顶公路的管理和维护办法，由河道主管机关商交通部门制定。

第十六条

城镇建设和发展不得占用河道滩地。城镇规划的临河界限，由河道主管机关会同城镇规划等有关部门确定。沿河城镇在编制和审查城镇规划时，应当事先征求河道主管机关的意见。

第十七条

河道岸线的利用和建设，应当服从河道整治规划和航道整治规划。计划部门在审批利用河道岸线的建设项目时，应当事先征求河道主管机关的意见。

河道岸线的界限，由河道主管机关会同交通等有关部门报县级以上地方人民政府划定。

第十八条

河道清淤和加固堤防取土以及按照防洪规划进行河道整治需要占用的土地，由当地人民政府调剂解决。

因修建水库、整治河道所增加的可利用土地，属于国家所有，可以由县级以上人民政府用于移民安置和河道整治工程。

第十九条

省、自治区、直辖市以河道为边界的，在河道两岸外侧各十公里之内，以及跨省、自治区、直辖市的河道，未经有关各方达成协议或者国务院水利行政主管部门批准，禁止单方面修建排水、阻水、引水、蓄水工程以及河道整治工程。

第三章 河道保护

第二十条

有堤防的河道，其管理范围为两岸堤防之间的水域、沙洲、滩地（包括可耕地）、行洪区，两岸堤防及护堤地。

无堤防的河道，其管理范围根据历史最高洪水位或者设计洪水位确定。

河道的具体管理范围，由县级以上地方人民政府负责划定。

第二十一条

在河道管理范围内，水域和土地的利用应当符合江河行洪、输水和航运的要求；滩地的利用，应当由河道主管机关会同土地管理等有关部门制定规划，报县级以上地方人民政府批准后实施。

第二十二条

禁止损毁堤防、护岸、闸坝等水工程建筑物和防汛设施、水文监测和测量设施、河岸地质监测设施以及通信照明等设施。

在防汛抢险期间，无关人员和车辆不得上堤。

因降雨雪等造成堤顶泥泞期间，禁止车辆通行，但防汛抢险车辆除外。

第二十三条

禁止非管理人员操作河道上的涵闸闸门，禁止任何组织和个人干扰河道管理单位的正常工作。

第二十四条

在河道管理范围内，禁止修建围堤、阻水渠道、阻水道路；种植高秆农作物、芦苇、杞柳、获柴和树木（堤防防护林除外）；设置拦河渔具；弃置矿渣、石渣、煤灰、泥土、垃圾等。

在堤防和护堤地，禁止建房、放牧、开渠、打井、挖窖、葬坟、晒粮、存放物料、开采地下资源、进行考古发掘以及开展集市贸易活动。

第二十五条

在河道管理范围内进行下列活动，必须报经河道主管机关批准；涉及其他部门的，由河道主管机关会同有关部门批准：

（一）采砂、取土、淘金、弃置砂石或者淤泥；

（二）爆破、钻探、挖筑鱼塘；

（三）在河道滩地存放物料、修建厂房或者其他建筑设施；

（四）在河道滩地开采地下资源及进行考古发掘。

第二十六条

根据堤防的重要程度、堤基土质条件等，河道主管机关报经县级以上人民政府批准，可以在河道管理范围的相连地域划定堤防安全保护区。在堤防安全保护区内，禁止进行打井、钻探、爆破、挖筑鱼塘、采石、取土等危害堤防安全的活动。

第二十七条

禁止围湖造田。已经围垦的，应当按照国家规定的防洪标准进行治理，逐步退田还湖。湖泊的开发利用规划必须经河道主管机关审查同意。

禁止围垦河流，确需围垦的，必须经过科学论证，并经省级以上人民政府批准。

第二十八条

加强河道滩地、堤防和河岸的水土保持工作，防止水土流失、河道淤积。

第二十九条

江河的故道、旧堤、原有工程设施等，不得擅自填堵、占用或者拆毁。

第三十条

护堤护岸林木，由河道管理单位组织营造和管理，其他任何单位和个人不得侵占、砍伐或者破坏。

河道管理单位对护堤护岸林木进行抚育和更新性质的采伐及用于防汛抢险的采伐，根据国家有关规定免交育林基金。

第三十一条

在为保证堤岸安全需要限制航速的河段，河道主管机关应当会同交通部门设立限制航速的标志，通行的船舶不得超速行驶。

在汛期，船舶的行驶和停靠必须遵守防汛指挥部的规定。

第三十二条

山区河道有山体滑坡、崩岸、泥石流等自然灾害的河段，河道主管机关应当会同地质、交通等部门加强监测。在上述河段，禁止从事开山采石、采矿、开荒等危及山体稳定的活动。

第三十三条

在河道中流放竹木，不得影响行洪、航运和水工程安全，并服从当地河道主管机关的安全管理。

在汛期，河道主管机关有权对河道上的竹木和其他漂流物进行紧急处置。

第三十四条

向河道、湖泊排污的排污口的设置和扩大，排污单位在向环境保护部门申报之前，应当征得河道主管机关的同意。

第三十五条

在河道管理范围内，禁止堆放、倾倒、掩埋、排放污染水体的物体。禁止在河道内清洗装贮过油类或者有毒污染物的车辆、容器。

河道主管机关应当开展河道水质监测工作，协同环境保护部门对水污染防治实施监督管理。

第四章　河道清障

第三十六条

对河道管理范围内的阻水障碍物，按照"谁设障，谁清除"的原则，由河道主管机关提出清障计划和实施方案，由防汛指挥部责令设障者在规定的期限内清除。逾期不清除的，由防汛指挥部组织强行清除，并由设障者负担全部清障费用。

第三十七条

对壅水、阻水严重的桥梁、引道、码头和其他跨河工程设施，根据国家规定的防洪标准，由河道主管机关提出意见并报经人民政府批准，责成原建设单位在规定的期限内改建或者拆除。汛期影响防洪安全的，必须服从防汛指挥部的紧急处理决定。

第五章 经费

第三十八条

河道堤防的防汛岁修费，按照分级管理的原则，分别由中央财政和地方财政负担，列入中央和地方年度财政预算。

第三十九条

受益范围明确的堤防、护岸、水闸、圩垸、海塘和排涝工程设施，河道主管机关可以向受益的工商企业等单位和农户收取河道工程修建维护管理费，其标准应当根据工程修建和维护管理费用确定。收费的具体标准和计收办法由省、自治区、直辖市人民政府制定。

第四十条

在河道管理范围内采砂、取土、淘金，必须按照经批准的范围和作业方式进行，并向河道主管机关缴纳管理费。收费的标准和计收办法由国务院水利行政主管部门会同国务院财政主管部门制定。

第四十一条

任何单位和个人，凡对堤防、护岸和其他水工程设施造成损坏或者造成河道淤积的，由责任者负责修复、清淤或者承担维修费用。

第四十二条

河道主管机关收取的各项费用，用于河道堤防工程的建设、管理、维修和设施的更新改造。结余资金可以连年结转使用，任何部门不得截取或者挪用。

第四十三条

河道两岸的城镇和农村，当地县级以上人民政府可以在汛期组织堤防保护区域内的单位和个人义务出工，对河道堤防工程进行维修和加固。

第六章 罚则

第四十四条

违反本条例规定，有下列行为之一的，县级以上地方人民政府河道主管机关除责令其纠正违法行为、采取补救措施外，可以并处警告、罚款、没收非法所得；对有关责任人员，由其所在单位或者上级主管机关给予行政处分；构成犯罪的，依法追究刑事责任：

（一）在河道管理范围内弃置、堆放阻碍行洪物体的；种植阻碍行洪的林木或者高秆植物的；修建围堤、阻水渠道、阻水道路的；

（二）在堤防、护堤地建房、放牧、开渠、打井、挖窖、葬坟、晒粮、存放物料、开采地下资源、进行考古发掘以及开展集市贸易活动的；

（三）未经批准或者不按照国家规定的防洪标准、工程安全标准整治河道或者修建水工程建筑物和其他设施的；

（四）未经批准或者不按照河道主管机关的规定在河道管理范围内采砂、取土、淘金、弃置砂石或者淤泥、爆破、钻探、挖筑鱼塘的；

（五）未经批准在河道滩地存放物料、修建厂房或者其他建筑设施，以及开采地下资源或者进行考古发掘的；

（六）违反本条例第二十七条的规定，围垦湖泊、河流的；

（七）擅自砍伐护堤护岸林木的；

（八）汛期违反防汛指挥部的规定或者指令的。

第四十五条

违反本条例规定，有下列行为之一的，县级以上地方人民政府河道主管机关除责令其纠正违法行为、赔偿损失、采取补救措施外，可以并处警告、罚款；应当给予治安管理处罚的，按照《中华人民共和国治安管理处罚法》的规定处罚；构成犯罪的，依法追究刑事责任：

（一）损毁堤防、护岸、闸坝、水工程建筑物，损毁防汛设施、水文监测和测量设施、河岸地质监测设施以及通信照明等设施；

（二）在堤防安全保护区内进行打井、钻探、爆破、挖筑鱼塘、采石、取土等危害堤防安全的活动的；

（三）非管理人员操作河道上的涵闸闸门或者干扰河道管理单位正常工作的。

第四十六条

当事人对行政处罚决定不服的，可以在接到处罚通知之日起十五日内，向作出处罚决定的机关的上一级机关申请复议，对复议决定不服的，可以在接到复议决定之日起十五日内，向人民法院起诉。当事人也可以在接到处罚通知之日起十五日内，直接向人民法院起诉。当事人逾期不申请复议或者不向人民法院起诉又不履行处罚决定的，由作出处罚决定的机关申请人民法院强制执行。对治安管理处罚不服的，按照《中华人民共和国治安管理处罚法》的规定办理。

第四十七条

对违反本条例规定，造成国家、集体、个人经济损失的，受害方可以请求县级以上河道主管机关处理。受害方也可以直接向人民法院起诉。

当事人对河道主管机关的处理决定不服的，可以在接到通知之日起，十五日内向人民法院起诉。

第四十八条

河道主管机关的工作人员以及河道监理人员玩忽职守、滥用职权、徇私舞弊的，由其所在单位或者上级主管机关给予行政处分；对公共财产、国家和人民利益造成重大损失的，依法追究刑事责任。

第七章　附则

第四十九条

各省、自治区、直辖市人民政府，可以根据本条例的规定，结合本地区的实际情况，制定实施办法。

第五十条

本条例由国务院水利行政主管部门负责解释。

第五十一条

本条例自发布之日起施行。

附录4　浙江省水资源管理条例

（2018年3月19日修正）

（2002年10月31日浙江省第九届人民代表大会常务委员会第三十九次会议通过
根据2009年11月27日浙江省第十一届人民代表大会常务委员会第十四次会议
《关于修改〈浙江省水资源管理条例〉的决定》第一次修正
根据2011年11月25日浙江省第十一届人民代表大会常务委员会第二十九次会议
《关于修改〈浙江省专利保护条例〉等十四件地方性法规的决定》第二次修正
根据2017年11月30日浙江省第十二届人民代表大会常务委员会第四十五次会议
《关于修改〈浙江省水资源管理条例〉等十九件地方性法规的决定》第三次修正）

第一章　总则

第一条　为了合理开发、利用、节约和保护水资源，发挥水资源的综合效益，保护生态平衡，促进经济和社会的可持续发展，根据《中华人民共和国水法》等有关法律、行政法规的规定，结合本省实际，制定本条例。

第二条 在本省行政区域内开发、利用、节约、保护、管理水资源，适用本条例。

本条例所称水资源，包括地表水和地下水。

第三条 水资源属于国家所有。农村集体经济组织的水塘和由农村集体经济组织修建管理的水库中的水，归各该农村集体经济组织使用。

前款所称由农村集体经济组织修建管理的水库，由县级以上人民政府在确保农村集体经济组织及其成员用水权益的前提下，按照尊重历史、维持现状的原则，根据国家和省的有关规定予以确认。

对水资源依法实行取水许可制度和有偿使用制度。

第四条 开发、利用、节约、保护水资源，应当全面规划、统筹兼顾、标本兼治、综合利用、讲求效益，发挥水资源的多种功能，协调好生活、生产和生态环境用水。

第五条 县级以上人民政府应当加强水资源开发、利用、节约和保护工作，并将其纳入国民经济和社会发展计划，增加财政投入，加强水工程建设，促进水环境改善。

各级人民政府应当加强节约用水工作，建立健全节约用水管理制度，强化节约用水宣传和教育，全面推行节约用水措施，推广节约用水新技术、新工艺、新产品，发展节水型工业、农业和服务业，建立节水型社会。

第六条 省人民政府水行政主管部门负责全省水资源的统一管理和监督工作。市、县（市、区）人民政府水行政主管部门按照规定的权限，负责本行政区域内水资源的统一管理和监督工作。

县级以上人民政府有关部门按照职责分工，负责本行政区域内水资源开发、利用、节约和保护的有关工作。

第七条 单位和个人都有保护水资源和节约用水的义务。

鼓励单位和个人以多种形式参与水资源的开发、利用，其合法权益受法律保护。

在开发、利用、节约、保护、管理水资源等方面成绩显著的单位和个人，由人民政府给予奖励。

第二章 水资源规划

第八条 开发、利用水资源应当按照流域、区域统一制定规划。流域、区域规划包括综合规划和专业规划。

综合规划以及与土地利用关系密切的专业规划，应当与国民经济和社会发展规划以及土地利用总体规划、城镇体系规划、城市总体规划、环境保护规划相协调。

国民经济和社会发展规划以及城市总体规划、重大建设项目布局和产业结构调整应当与水资源承载能力及环境状况相适应，并进行科学论证。

制定规划，应当进行水资源综合科学考察和调查评价。

第九条 流域、区域规划按下列规定进行编制：

（一）钱塘江、瓯江、东西苕溪流域，杭嘉湖地区、萧绍宁地区的综合规划由省水行政主管部门、发展计划行政主管部门会同有关部门和有关市、县（市、区）人民政府编制，报省人民政府批准；专业规划由省有关部门编制，征求省相关部门意见后，报省人民政府批准；

（二）甬江、飞云江、灵江、鳌江流域、舟山本岛的综合规划由所在地的市水行政主管部门、发展计划行政主管部门会同有关部门和有关县（市、区）人民政府编制，经省水行政主管部门、发展计划行政主管部门审核后，报市人民政府批准；专业规划由所在地的市有关部门编制，征求同级相关部门意见后，报市人民政府批准；

（三）其他江河流域或者区域的综合规划由所在地的县（市、区）水行政主管部门会同发展计划行政主管部门编制，经上一级水行政主管部门、发展计划行政主管部门审核后，报同级人民政府批准；专业规划由所在地的县（市、区）有关部门编制，征求相关部门意见后，报县（市、区）人民政府批准。跨两个或者两个以上县（市、区）的流域综合规划或者专业规划，应当由共同的上一级水行政主管部门、发展计划行政主管部门组织编制，报同级人民政府批准。

第十条 县级以上水行政主管部门应当会同发展计划、环境保护、国土资源、建设等有关部门，根据流域、区域规划和上一级水资源规划，编制本行政区域的水资源规划，经上一级水行政主管部门、发展计划行政主管部门审核后，报本级人民政府批准。

第十一条 经批准的规划是开发、利用、节约、保护水资源和防治水害活动的基本依据。规划的修改，应当经原批准机关批准。

第三章　水资源保护和开发利用

第十二条　各级人民政府应当采取措施，加强水源源头保护，加快生态公益林建设，保护自然植被和湿地，涵养水源，防治水土流失，改善生态环境。

水库库区应当封山育林，逐步减少水库库区居住人口。

禁止在水库库区保护范围内采挖和筛选砂石、矿藏等活动。

禁止向河道、湖泊、水库等水域抛撒垃圾、动物尸体和其他污染水体的物体。

有饮用水供水功能的水库库区的保护，按照饮用水水源保护的法律、法规执行。

第十三条　各级人民政府及其有关部门和单位应当加强污水处理设施建设。工业污水、城乡居民生活污水应当按排污规定的要求进行处理。

畜禽养殖场和农副产品加工单位产生的废污水，未经处理达标，不得直接排入河道、湖泊、水库等水域。

第十四条　在饮用水水源保护区内禁止设置排污口。

在江河、湖泊、水库、运河、渠道新建、改建或者扩建排污口，应当经有管辖权的水行政主管部门同意，由环境保护行政主管部门负责对该项目的环境影响报告书进行审批。

第十五条　各级水行政主管部门应当按照水功能区对水质的要求和水体自然净化能力，核定该水域的纳污能力，向环境保护行政主管部门提出该水域限制排污总量的意见。

各级水行政主管部门应当根据水功能区对水质的要求，做好江河湖库水量水质监测，发现重点污染物排放总量超过控制指标的，或者水功能区的水质未达到水域使用功能对水质的要求的，应当及时报告有关人民政府采取治理措施，并向环境保护行政主管部门通报。

水行政主管部门和环境保护行政主管部门的水质监测数据、资料应当实行共享。水量水质监测结果应当按国家规定向社会公开。

县级以上人民政府应当加强水文、水资源信息系统建设。县级以上水行政主管部门应当加强对水资源的动态监测。

第十六条　开发利用地表水，应当维持江河的合理流量和湖泊、水库的合理水位，维护水体的自然净化能力，防止对生态环境造成破坏。

第十七条　禁止围湖造地。已经围垦的，应当按照国家规定的防洪标准有计划地退地还湖。

禁止擅自填埋或者围垦河道、水塘、湿地。确需填埋或者围垦的，应当经过科学论证，依法报经批准。

县级以上人民政府及其水行政主管部门应当采取有效措施，加强对建设活动占用水域行为的管理。具体管理办法由省人民政府制定。

第十八条　开采地下水应当遵循总量控制、优化利用、分层取水的原则，并符合地下水开发利用规划和年度计划中确定的可采总量、井点总体布局、取水层位的要求，防止水体污染、水源枯竭和地面沉降、地面塌陷等地质环境灾害的发生。

在沿海地带开采地下水，应当经过科学论证，并采取措施，防止地面沉降和海水入侵。

在地表水丰富的地区，严格控制开采地下水。

地下水开发利用规划和年度计划，由县级以上水行政主管部门会同国土资源等部门制定。

第十九条　省水行政主管部门应当会同省国土资源行政主管部门，根据地下水分布状况及开采情况，划定地下水的超采地区和严重超采地区。

在地下水超采地区，县级以上人民政府应当严格控制地下水的开发利用。在地下水严重超采地区，禁止开采地下水，已开采的应当限期停止。具体期限由省水行政主管部门会同国土资源等相关部门，征求有关市、县（市、区）人民政府意见后提出，报省人民政府批准。

第二十条　利用水域从事旅游开发的，应当符合水功能区划和水环境保护功能区划的要求，并不得污染水体和影响行洪安全。

第二十一条　水电资源的开发应当符合规划。水电资源的开发使用权可以通过招标等方式取得。

第四章　水资源配置和取水管理

第二十二条　县级以上水行政主管部门应当会同有关部门依据上一级的水中长期供求规划和本地区的实际情况，制订本行政区域的水中长期供求规划，经本级发展计划行政主管部门审查批准后执行。

第二十三条　县级以上水行政主管部门应当根据流域规划和水中长期供

求规划，编制江河径流调蓄计划和水量分配方案，报本级人民政府批准。跨行政区域的径流调蓄计划和水量分配方案，由共同的上一级水行政主管部门征求有关人民政府和有关部门的意见后编制，报本级人民政府批准。

编制径流调蓄计划和水量分配方案，应当服从防洪的总体安排，遵循基本生活优先原则，并兼顾上下游、左右岸和有关地区之间的利益。

第二十四条　水源和引供水工程建设、供水调度应当以径流调蓄计划和水量分配方案为依据。有调蓄任务的水工程，应当按照径流调蓄计划和水量分配方案蓄水、放水。

第二十五条　跨流域及跨县级以上行政区域调配水资源，应当进行全面规划和科学论证，统筹兼顾利害关系各方的利益以及调出和调入地区的用水需要，防止对生态环境造成破坏。

第二十六条　县级以上发展计划行政主管部门应当会同同级水行政主管部门，根据水量分配方案、本行政区域城乡用水状况、下一年度水源预测及上级主管部门下达的取水控制总量，制定区域年度用水计划。

第二十七条　直接从江河、湖泊、地下和水工程拦蓄的水域内取水，应当办理取水许可，并按照取水许可规定条件取水。

下列取水不需办理取水许可：

（一）农村集体经济组织及其成员使用本集体经济组织的水塘、水库中的水的；

（二）家庭生活和零星散养、圈养畜禽饮用取用少量地表水的；

（三）在城乡供水管网未覆盖的区域，因家庭生活需要取用地下水的；

（四）法律、法规规定的其他情形。

前款各项取水，妨碍公共用水、环境安全或者损害他人用水合法权益的，水行政主管部门可以限制其取水，直至禁止取水。

第二十八条　水行政主管部门认为取水涉及公共利益需要听证的，应当向社会公告，并举行听证。

取水涉及申请人与他人之间重大利害关系的，水行政主管部门在作出是否批准取水申请的决定前，应当告知申请人、利害关系人；申请人、利害关系人要求听证的，应当组织听证。

第二十九条　取水许可程序及审批权限，按照国务院和省人民政府的规定执行。

第三十条　在本省行政区域内直接从江河、湖泊、地下取水或者利用水资源发电的单位和个人，应当缴纳水资源费。但本条例第二十七条第二款规定的取水除外。

水资源费由水行政主管部门收取，缴入国库，实行收支两条线管理。水资源费应当用于对生态环境的保护及水资源保护、管理和节约用水工作。

水资源费征收管理具体办法，由省人民政府制定。

第三十一条 取水许可持证人应当安装符合国家计量标准的取水计量设施，并保证取水计量设施的正常运行，不得擅自拆除、更换。农业灌溉应当逐步安装取水计量设施。

取水计量设施发生故障不能正常运行的，应当在三日内向当地水行政主管部门报告，并及时修复。

第五章 节约用水

第三十二条 省级行业主管部门应当制订行业用水定额，报同级水行政主管部门和质量监督检验行政主管部门审核同意后，由省人民政府公布。

用水超过定额的单位，应当进行节水改造，在规定的期限内达到定额标准。

第三十三条 用水应当计量，并按照批准的用水计划用水。

用水实行计量收费和超定额累进加价制度。用水单位应当在每年年底前向水行政主管部门申报下一年度的用水计划，由水行政主管部门根据其用水状况和下一年度水源预测综合平衡后核定。

第三十四条 各级水行政主管部门、农业行政主管部门应当做好渠系配套改造和建设，对农业蓄水、输水工程采取必要的防渗漏措施，推广农业节水技术和节水灌溉方式，减少农业用水，提高农业用水效率。

合理调整水库供水功能，增加对城市、工业供水。农业供水水源转向城市、工业供水的，水价中应当附加农业节水补偿资金，专项用于农业节水。

第三十五条 省经济行政主管部门应当会同省水行政主管部门和其他有关部门，根据国家规定制定并公布本省限期淘汰的落后的、耗水量高的工艺、设备和产品的名录。

生产者、销售者或者生产经营中的使用者应当在规定的时间内停止生产、销售或者使用列入淘汰名录的工艺、设备和产品。

第三十六条 各级人民政府及其有关部门应当推广节水型生活器具的应用，支持节水技术的开发；加强城乡供水管网改造，降低供水管网漏失率，逐步推行分质供水，提高生活用水效率；鼓励使用再生水，提高污水再生利用率。

第三十七条　水资源紧缺地区应当对耗水量高的工业、农业和服务业项目加以限制。

海岛等水资源短缺的地区，鼓励对雨水和微咸水的收集、开发、利用和对海水的利用、淡化。

第三十八条　新建、扩建、改建建设项目应当制定节水措施方案，配套建设节水设施。节水设施应当与主体工程同时设计、同时施工、同时投入使用。

已建建设项目未配套建设节水设施的，应当逐步进行节水设施的配套建设。

第三十九条　各级人民政府应当积极采取措施，逐步推进城乡一体化供水，保障城乡居民的饮用水水量和水质，并实行有利于节约水资源和保护环境的水价政策。

供水价格应当按照补偿成本、合理收益、优质优价、公平负担的原则确定。

对城市供水价格逐步实行阶梯式水价和分类水价。

第六章　监督检查

第四十条　县级以上水行政主管部门应当建立水政巡查制度，加强对用水单位取水工程建设情况、取排水情况的检查；其中，对地下水取水工程施工应当进行现场监督。

第四十一条　县级以上水行政主管部门及其水政监督检查人员履行本条例规定的监督检查职责时，依法行使调查取证权、现场检查权、制止权、行政处罚权等职权。

第四十二条　有关单位或者个人对水政监督检查人员的监督检查工作应当给予配合，如实提供有关资料和情况，不得拒绝、拖延或者谎报，不得阻碍水政监督检查人员依法执行职务。

第四十三条　水政监督检查人员在履行监督检查职责时，应当出示执法证件，依照法定程序执法。

水行政主管部门应当加强对本部门、本系统行政执法活动的监督检查，建立健全内部监督机制。

第七章　法律责任

第四十四条　水行政主管部门或者其他有关部门以及水工程管理单位及其工作人员，有下列情形之一的，由有关部门按管理权限对直接负责的主管人员和其他责任人员予以行政处分；构成犯罪的，依法追究刑事责任：

（一）对不符合法定条件的单位或者个人核发许可证、签署审查同意意见的；

（二）对符合法定条件的用水申请单位或者个人，未在规定期限内核发许可证、签署审查同意意见，故意拖延的；

（三）违反规定收取水资源费的；

（四）不履行监督检查职责或者发现违法行为不予查处，造成严重后果的；

（五）拒不执行禁止开采期限规定，放任取用水单位和个人在禁止开采区开采地下水的；

（六）拒不执行水量分配方案和水量调度预案的；

（七）拒不服从水量统一调度的；

（八）有调蓄任务的水工程，未按径流调蓄计划和水量分配方案蓄水、放水，造成损害的；

（九）其他玩忽职守、滥用职权、徇私舞弊行为的。

第四十五条　违反本条例规定，有下列情形之一的，按照《中华人民共和国水法》《中华人民共和国水污染防治法》等有关法律、行政法规的规定予以处罚：

（一）在饮用水水源保护区内设置排污口的；

（二）未经水行政主管部门同意，擅自在江河、湖泊新建、改建或者扩建排污口的；

（三）畜禽养殖场和农副产品加工单位超标排放废污水的；

（四）围湖造地或者未经批准围垦河道的；

（五）未经批准擅自取水的；

（六）未按照批准的取水许可规定条件取水的；

（七）拒不缴纳、拖延缴纳或者拖欠水资源费的；

（八）建设项目的节水设施没有建成或者没有达到国家规定的要求，擅自投入使用的；

（九）生产、销售或者在生产经营中使用明令淘汰的落后的、耗水量高的工艺、设备和产品的。

第四十六条 违反本条例第十二条第三款规定，在水库库区保护范围内采挖和筛选砂石、矿藏等活动的，由县级以上水行政主管部门责令停止违法行为，采取补救措施，并可处以五千元以上五万元以下的罚款。

违反本条例第十二条第四款规定，向河道、湖泊、水库等水域抛撒垃圾、动物尸体和其他污染水体的物体的，由县级以上环境保护行政主管部门或者水行政主管部门责令限期打捞、清除，有关单位和个人拒不打捞、清除的，对个人处以五十元以上二百元以下的罚款，对单位处以一千元以上一万元以下的罚款。

第四十七条 违反本条例第二十条规定，利用水域从事旅游开发不符合水功能区划要求的，由县级以上水行政主管部门责令停止违法行为，采取补救措施，并可处以五千元以上五万元以下的罚款。

第四十八条 违反本条例第二十七条规定，未按照批准的取水条件进行取水设施建设的，由县级以上水行政主管部门责令其停止违法建设，限期改正；逾期不改正的，代为改正，所需费用由违法行为人承担，可处以五万元以下的罚款。

第四十九条 取水许可持证人违反本条例第三十一条规定，未安装取水计量设施或者安装的取水计量设施不符合国家计量标准的，或者擅自拆除、更换取水计量设施的，由县级以上水行政主管部门责令限期安装或者修复，并按工程设计取水能力或者设备铭牌功率满负荷连续运行的取水能力确定取水量征收水资源费，并可处以一千元以上一万元以下的罚款；逾期拒不安装或者不修复的，吊销其取水许可证。

第五十条 取水许可持证人违反本条例第四十二条规定，拒绝提供有关资料或者提供虚假资料的，由县级以上水行政主管部门责令停止违法行为，限期改正，处以五千元以上二万元以下的罚款；情节严重的，吊销取水许可证。

第五十一条 依照本条例规定应当给予行政处罚，有关水行政主管部门未依法给予行政处罚的，上级水行政主管部门有权责令其作出行政处罚，并可提请有关部门对有关负责人给予行政处分。

下级水行政主管部门作出违法审批、越权审批或者错误决定的，上级水行政主管部门应当责令其限期纠正或者予以撤销。

第八章　附则

第五十二条　本条例自 2003 年 1 月 1 日起施行。

附录 5　浙江省河长制规定

（2017 年 7 月 28 日浙江省第十二届人民代表大会常务委员会
第四十三次会议通过）

浙江省人民代表大会常务委员会公告　第 60 号

《浙江省河长制规定》已于 2017 年 7 月 28 日经浙江省第十二届人民代表大会常务委员会第四十三次会议审议通过，现予公布，自 2017 年 10 月 1 日起施行。

浙江省人民代表大会常务委员会

2017 年 7 月 28 日

第一条　为了推进和保障河长制实施，促进综合治水工作，制定本规定。

第二条　本规定所称河长制，是指在相应水域设立河长，由河长对其责任水域的治理、保护予以监督和协调，督促或者建议政府及相关主管部门履行法定职责、解决责任水域存在问题的体制和机制。

本规定所称水域，包括江河、湖泊、水库以及水渠、水塘等水体。

第三条　县级以上负责河长制工作的机构（以下简称河长制工作机构）履行下列职责：

（一）负责实施河长制工作的指导、协调，组织制定实施河长制的具体管理规定；

（二）按照规定受理河长对责任水域存在问题或者相关违法行为的报告，督促本级人民政府相关主管部门处理或者查处；

（三）协调处理跨行政区域水域相关河长的工作；

（四）具体承担对本级人民政府相关主管部门、下级人民政府以及河长履行职责的监督和考核；

（五）组织建立河长管理信息系统；

（六）为河长履行职责提供必要的专业培训和技术指导；

（七）县级以上人民政府规定的其他职责。

第四条 本省建立省级、市级、县级、乡级、村级五级河长体系。跨设区的市重点水域应当设立省级河长。各水域所在设区的市、县（市、区）、乡镇（街道）、村（居）应当分级分段设立市级、县级、乡级、村级河长。

河长的具体设立和确定，按照国家和省有关规定执行。

第五条 省级河长主要负责协调和督促解决责任水域治理和保护的重大问题，按照流域统一管理和区域分级管理相结合的管理体制，协调明确跨设区的市水域的管理责任，推动建立区域间协调联动机制，推动本省行政区域内主要江河实行流域化管理。

第六条 市、县级河长主要负责协调和督促相关主管部门制定责任水域治理和保护方案，协调和督促解决方案落实中的重大问题，督促本级人民政府制定本级治水工作部门责任清单，推动建立部门间协调联动机制，督促相关主管部门处理和解决责任水域出现的问题、依法查处相关违法行为。

第七条 乡级河长主要负责协调和督促责任水域治理和保护具体任务的落实，对责任水域进行日常巡查，及时协调和督促处理巡查发现的问题，劝阻相关违法行为，对协调、督促处理无效的问题，或者劝阻违法行为无效的，按照规定履行报告职责。

第八条 村级河长主要负责在村（居）民中开展水域保护的宣传教育，对责任水域进行日常巡查，督促落实责任水域日常保洁、护堤等措施，劝阻相关违法行为，对督促处理无效的问题，或者劝阻违法行为无效的，按照规定履行报告职责。

鼓励村级河长组织村（居）民制定村规民约、居民公约，对水域保护义务以及相应奖惩机制作出约定。

乡镇人民政府、街道办事处应当与村级河长签订协议书，明确村级河长的职责、经费保障以及不履行职责应当承担的责任等事项。本规定明确的村级河长职责应当在协议书中予以载明。

第九条 乡、村级和市、县级河长应当按照国家和省规定的巡查周期和巡查事项对责任水域进行巡查，并如实记载巡查情况。鼓励组织或者聘请公民、法人或者其他组织开展水域巡查的协查工作。

乡、村级河长的巡查一般应当为责任水域的全面巡查。市、县级河长应当根据巡查情况，检查责任水域管理机制、工作制度的建立和实施情况。

相关主管部门应当通过河长管理信息系统，与河长建立信息共享和沟通机制。

第十条　乡、村级河长可以根据巡查情况，对相关主管部门日常监督检查的重点事项提出相应建议。

市、县级河长可以根据巡查情况，对本级人民政府相关主管部门是否依法履行日常监督检查职责予以分析、认定，并对相关主管部门日常监督检查的重点事项提出相应要求；分析、认定时应当征求乡、村级河长的意见。

第十一条　村级河长在巡查中发现问题或者相关违法行为，督促处理或者劝阻无效的，应当向该水域的乡级河长报告；无乡级河长的，向乡镇人民政府、街道办事处报告。

乡级河长对巡查中发现和村级河长报告的问题或者相关违法行为，应当协调、督促处理；协调、督促处理无效的，应当向市、县相关主管部门，该水域的市、县级河长或者市、县河长制工作机构报告。

市、县级河长和市、县河长制工作机构在巡查中发现水域存在问题或者违法行为，或者接到相应报告的，应当督促本级相关主管部门限期予以处理或者查处；属于省级相关主管部门职责范围的，应当提请省级河长或者省河长制工作机构督促相关主管部门限期予以处理或者查处。

乡级以上河长和乡镇人民政府、街道办事处，以及县级以上河长制工作机构和相关主管部门，应当将（督促）处理、查处或者按照规定报告的情况，以书面形式或者通过河长管理信息系统反馈报告的河长。

第十二条　各级河长名单应当向社会公布。

水域沿岸显要位置应当设立河长公示牌，标明河长姓名及职务、联系方式、监督电话、水域名称、水域长度或者面积、河长职责、整治目标和保护要求等内容。

前两款规定的河长相关信息发生变更的，应当及时予以更新。

第十三条　公民、法人和其他组织有权就发现的水域问题或者相关违法行为向该水域的河长投诉、举报。河长接到投诉、举报的，应当如实记录和登记。

河长对其记录和登记的投诉、举报，应当及时予以核实。经核实存在投诉、举报问题的，应当参照巡查发现问题的处理程序予以处理，并反馈投诉、举报人。

第十四条 县级以上人民政府对本级人民政府相关主管部门及其负责人进行考核时，应当就相关主管部门履行治水日常监督检查职责以及接到河长报告后的处理情况等内容征求河长的意见。

县级以上人民政府应当对河长履行职责情况进行考核，并将考核结果作为对其考核评价的重要依据。对乡、村级河长的考核，其巡查工作情况作为主要考核内容，对市、县级河长的考核，其督促相关主管部门处理、解决责任水域存在问题和查处相关违法行为情况作为主要考核内容。河长履行职责成绩突出、成效明显的，给予表彰。

县级以上人民政府可以聘请社会监督员对下级人民政府、本级人民政府相关主管部门以及河长的履行职责情况进行监督和评价。

第十五条 县级以上人民政府相关主管部门未按河长的督促期限履行处理或者查处职责，或者未按规定履行其他职责的，同级河长可以约谈该部门负责人，也可以提请本级人民政府约谈该部门负责人。

前款规定的约谈可以邀请媒体及相关公众代表列席。约谈针对的主要问题、整改措施和整改要求等情况应当向社会公开。

约谈人应当督促被约谈人落实约谈提出的整改措施和整改要求，并向社会公开整改情况。

第十六条 乡级以上河长违反本规定，有下列行为之一的，给予通报批评，造成严重后果的，根据情节轻重，依法给予相应处分：

（一）未按规定的巡查周期或者巡查事项进行巡查的；

（二）对巡查发现的问题未按规定及时处理的；

（三）未如实记录和登记公民、法人或者其他组织对相关违法行为的投诉举报，或者未按规定及时处理投诉、举报的；

（四）其他怠于履行河长职责的行为。

村级河长有前款规定行为之一的，按照其与乡镇人民政府、街道办事处签订的协议书承担相应责任。

第十七条 县级以上人民政府相关主管部门、河长制工作机构以及乡镇人民政府、街道办事处有下列行为之一的，对其直接负责的主管人员和其他直接责任人员给予通报批评，造成严重后果的，根据情节轻重，依法给予相应处分：

（一）未按河长的监督检查要求履行日常监督检查职责的；

（二）未按河长的督促期限履行处理或者查处职责的；

（三）未落实约谈提出的整改措施和整改要求的；

（四）接到河长的报告并属于其法定职责范围，未依法履行处理或者查处职责的；

（五）未按规定将处理结果反馈报告的河长的；

（六）其他违反河长制相关规定的行为。

第十八条　本规定自 2017 年 10 月 1 日起施行。